数值方法

C++ 与 C# 语言描述

王 乐 编

中国轻工业出版社

图书在版编目(CIP)数据

数值方法: C++与C#语言描述 / 王乐编. — 北京：中国
轻工业出版社, 2022.8

ISBN 978-7-5184-3975-1

Ⅰ. ①数… Ⅱ. ①王… Ⅲ. ①C语言—程序设计
Ⅳ. ①TP312.8

中国版本图书馆CIP数据核字（2022）第068161号

责任编辑：张　靓　王庆霖
策划编辑：张　靓　　责任终审：简延荣　　封面设计：锋尚设计
版式设计：砚祥志远　　责任校对：吴大朋　　责任监印：张　可

出版发行：中国轻工业出版社（北京东长安街6号，邮编：100740）
印　　刷：三河市国英印务有限公司
经　　销：各地新华书店
版　　次：2022年8月第1版第1次印刷
开　　本：787×1092　1/16　印张：15
字　　数：300千字
书　　号：ISBN 978-7-5184-3975-1　定价：68.00元
邮购电话：010-65241695
发行电话：010-85119835　传真：85113293
网　　址：http://www.chlip.com.cn
Email：club@chlip.com.cn
如发现图书残缺请与我社邮购联系调换
210744K6X101ZBW

前　言

　　计算方法、科学计算、数值方法、数值分析中的主要内容基本相同，都是讲解如何实现数值计算，只是侧重点不尽相同，有的侧重算法本身的精度和误差分析，有的则侧重程序的编写与实现。数值计算的核心就是对数据的操作。而数据大多数以矩阵的形式存在。数值计算的算法即数值方法，大多数是公开透明的，只是实现过程需要的工作量比较大，有的较为复杂。

　　进行数值计算的软件平台非常多，常见的有 MATLAB、Mathematica、R、Python等，大多数实现过程也都很简单，短短几行代码就可以实现复杂的过程，根本不需要知道算法实现的细节。

　　关于数值方法（计算方法、数值分析、科学计算）的书籍非常多，也非常成熟。针对不同的数值问题，讲解的主要内容都是相同的。各种教材更多关注算法本身相关的概念、步骤、精度、误差等数学相关概念。而在如何将算法变成程序实现方面却非常少。

　　讲述数值计算程序实现的教材大多数以 MATLAB 为主，因为 MATLAB 具有强大而简单的矩阵运算，声明和使用矩阵都非常方便，因此学习数值方法算法的实现过程变得简单。而与 MATLAB 相同的 Python，同样作为解释型语言，由于其完成矩阵的操作略显麻烦，需要调用 numpy 模块，目前没有发现用 Python 语言讲述数值计算方法的书籍，但是直接用 Python 进行科学计算的书籍却不少。R 语言同样作为解释型数据分析语言，在国内的用户非常少，更很难见到其实现数值计算。

　　既然数值方法中的算法在大多数数值计算软件中都可以直接简单调用函数名称实现，那为什么还要学习数值计算方法自己编程实现科学计算呢？这是因为不经过编程实现数值计算算法的训练过程，就不可能深入理解数值计算方法的实现过程与细节，计算方法的编程能力与技巧得不到有效锻炼，更不容易顺利地编写更多具有复杂数值算法的程序。数值方法编程是学习数值方法的有效和必然途径，可以为提高数值计算水平打好基础。

　　针对数值方法编程，在编译型语言上实现更具有意义，因为编译型语言应用范围广泛，手机移动端、个人用户端、服务器端、各种环境下都会用到编译型语言进行编程。编译型语言中 C 语言、C++、C#、Visual Basic、Java 这几种语言的使用者数量庞大。学习使用 C++ 与 C# 语言的人员，并不一定同时熟悉 MATLAB 或者 R 这类数值计算语言。在采用 C++ 和 C# 等语言编程过程中，直接处理遇到的数值计算问题非常不方便，解释型语言虽然可以方便地处理数值计算问题，但是需要在编译型语言与解释型语言之间交互编程，而且这种交互编程由于 API 接口的开放程度限制并不能灵活处理特别复杂的计算问题。例如 C++ 或者 C# 与 MATLAB 之间交互编程，插值函数与优化函数都不能方便生成 .NET 组件与动态链接库。所以在编译型语言中实现数值计算很有必要，使得通用编程与数值计算编程有机结合起来。

　　本书采用编译型语言作为数值计算方法的程序编写语言，具体来讲就是采用 C++ 语言和 C# 语言同时描述书中的算法。这主要是基于 C++ 和 C# 语言语法较为相似，而且建立矩阵类比较容易。一方面，使用 C++ 和 C# 语言编程的技术人员非常多，对理解数值计算方法的需求很大；另一方面，市场上关于 C++ 和 C# 描述数值方法的书籍非常有限，大多数需要参考基于 MATLAB 计算方法的书籍。因此，这里同时采用两种语言描述数值计算算法。语言只是描述方式，背后算法是相同的。

　　本书同时采用 C++ 与 C# 两种流行的计算机语言实现数值计算方法，目的就是让大家掌握计算方法的基本算法本身，把更多精力放在如何通过基本算法实现更复杂的数值计算问题上。增强使用计算机编程语言编写数值计算程序的能力与信心。

　　由于 C++ 与 C# 语言在实现算法的过程与效果上都是相同的，除了实现过程的微小差异，程序的主要内容是相同的。由于国内 C++ 的使用者更多，本书更多算法将以 C++ 为主编写，不再所有程序都同时采用 C++ 与 C# 程序实现一遍。在程序算法上如果没有特别的差异，对于复杂问题不再以 C# 展示具体的程序。当然，C# 用户也不必担心，C++ 程序做微小改动即可转变为 C# 程序并在 C# 平台上正常使用。即使没有相应 C# 版的程序也可以采用 C++/CLI 对 C++ 程序包装，使用 C# 与 C++ 混合编程。

　　本书主要介绍数值计算方法的主要内容，包括非线性方程求解，线性方程组求解，插值与拟合，数值微分，数值积分，常微分方程（组）求解，数值优化，以及偏微分方程求解。同时本书将简单介绍统计分析、神经网络的基本内容。本书的定位不是 C++ 和 C# 语言的学习教程，同时因为作者能力所限，对于 C++ 和 C# 语言的介绍并不深入，使用的编程技巧也是够用即可。同时，本书也不是单独介绍数值方法的教程，由于讲述数值方法的书籍浩如烟海，作者并不想只做文字的搬运工，故对其他书中常见的内容并不做过多的描述，总体原则就是将数值方法的内容讲清楚即可。

虽然本书中的程序没有提供注释，但是程序编写规范，具有很强的自明性，了解计算方法的人必然很容易看懂程序。本书的意义是让不熟悉数值计算的人变得熟悉数值计算，让熟悉数值计算的人变得精通数值计算。如果读者需要本书的计算程序，请通过电子邮箱联系发送。E-mail：wangleztri@outlook.com.

由于水平有限，书中难免存在疏漏之处，恳请广大读者批评指正，以便后续修订完善。

编者

目 录

1 基础知识

本章主要分为两个部分，第一部分介绍编程相关的基础知识，分别为编译工具的选择、变量和函数的表示、判断与循环语句、类与对象的创建、数组与多维数组的创建等，第二部分介绍了关于误差分析的基本知识。这些内容的学习都为后面学习编程建立了良好的基础。

1.1 编程基础

编程基础部分主要介绍编译工具，C++ 与 C# 语言的基本编写规范，比如变量与函数的定义，判断语句与循环语句的规范，类与对象的创建，数组与多维数组的创建，以及程序调试的方法。

1.1.1 编译工具

C++ 与 C# 的编译工具采用 Visual Studio，以目前最新版本 Visual Studio 2022 为例，数值计算不需要考虑界面编程，选择控制台程序即可。新建 C++ 控制台项目（图 1–1）与 C# 控制台项目（图 1–2）分别如下。

（1）新建 C++ 控制台项目

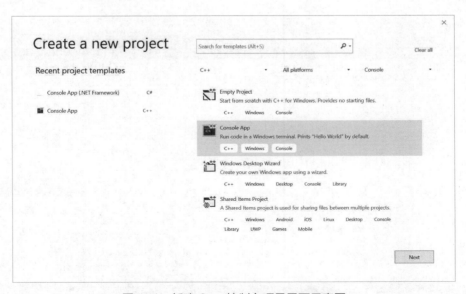

图 1-1 新建 C++ 控制台项目界面示意图

（2）新建 C# 控制台项目

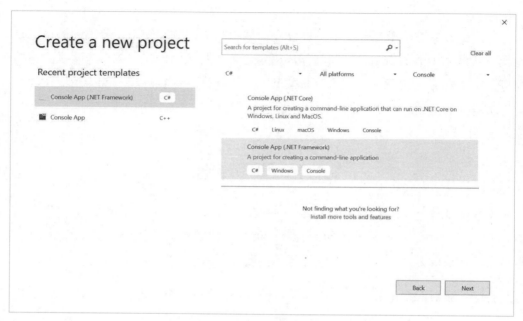

图 1-2 新建 C# 控制台项目界面示意图

新建项目后，C++ 与 C# 均有一个 main 函数，是控制台的主程序。

（1）C++ main 函数（图 1-3）

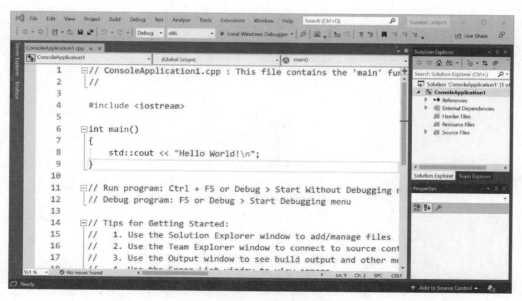

图 1-3 C++ main 函数示意图

（2）C# main 函数（图 1-4）

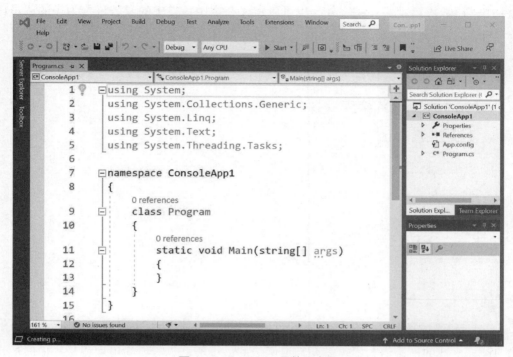

图 1-4　C# main 函数示意图

1.1.2　变量与函数

无论何种计算机语言，都是输入——处理——输出各种数据，也都存在自己特有的语法规则，包括如何声明变量以及变量之间的运算。数值计算过程中应用最多的数据类型是 double 与 int。C++ 与 C# 语言中对于变量均可以只定义，不赋值。例如：

```
double x;
int n;
```

C++ 语言与 C# 等编译型计算机语言与 MATLAB，Python 等解释型语言在变量使用方面的差异在于 C++ 与 C# 语言中使用变量必须先定义后使用，而且必须指定变量的类型，而 MATLAB 与 Python 则不需要在使用前定义变量，也不需要指定数据的类型。

在 C# 语言中，对于 double 类型，数值计算过程中如果出现 x/0，将得到 Infinity，而 0/0 将得到 NaN。

数值计算中的函数，在 C 与 MATLAB 等面向过程的语言中同样是编写函数，在 C++ 中，函数可以定义在类之外，也可以定义在类中，类中的函数称之为类的成员函数；而在 C# 中函数必须定义在类的内部，称之为方法。

成员函数或者方法的定义的格式均为：

返回值类型　函数名称(变量类型,变量名称)；

函数的调用格式为：

返回值变量 = 函数名称(变量名称)；

例如：

```
double f (double x);
double x=1;
double y;
y=f(x);
```

C++ 与 C# 的函数（方法）可以返回多个数值，这点在数值计算过程中非常有用，比如计算函数的最小值，不仅需要知道函数的最小值，也需要知道取得最小值时的自变量是多少，就可以使用元组，在 C++ 与 C# 中均有元组的概念，这与 MALTAB 中的 cell 比较相似，相当于不同数据类型的集合。例如：

在 C++ 中使用元组稍微麻烦一点，需要添加头文件：

```
#include <tuple>
using namespace std;
```

例如同时返回三个数值中的最大值与最小值：

```
tuple<double, double> MinMax (double a, double b, double c);
```

调用函数时：

```
tuple<double, double> r=MinMax (a, b, c);
```

元组的每一个元素的调用格式为：

```
get<0>(r) 与 get<1>(r)
```

组成元组的函数是：

```
make_tuple(a, b, c);
```

　　在 C# 中使用返回元组的方法，返回格式比较简单，用 ( ) 就可以。例如返回三个数值中的最大值与最小值：

```
(double, double) MinMax (double a, double b, double c);
double min;
double max;
(min, max)=MinMax (a, b, c);
```

1.1.3　判断与循环

　　判断语句和循环语句是所有计算机语言的关键，能够自动化执行复杂程序必须编写合适规模的循环语句，循环次数过多会降低计算效率，比如用多层循环嵌套穷举法求解问题。如果算法合适，没有反复赋值，则可大大减少循环的次数，提高程序的计算效率。

　　C++ 与 C# 判断和循环语句完全相同。判断语句的格式为：

```
if( 表达式 )
{
    执行语句；
}
else
{
    执行语句；
}
```

　　如果需要多个分支判断嵌套，则表达为：

```
if( 表达式 )
{
    执行语句；
}
else if( 表达式 )
{
    执行语句；
}
else
{
```

```
    执行语句；
}
```

判断条件可能是多样的，多个条件同时满足用 && 表示并运算，多个条件有一个满足采用‖表示或运算。

当然也可以采用 switch 语句描述，语法格式为：

```
switch（条件数）
{
    case  条件值：
    {
            执行语句；
    }
    … …
    default：
    {
        执行语句；
    }
}
```

满足 case，执行 case 内的语句，不满足 case，执行 default 内的语句。

C++ 与 C# 中循环语句也完全相同，分为 for 语句、while 语句与 do-while 语句。

其中 for 语句应用到固定循环次数的情况，比如遍历一个数组，或者给数组赋值。语法格式如下：

```
for (int  i=0;  i < n;  i++)
{
    执行语句；
}
```

括号中第一项是给定初始值，第二项是给定约束条件，第三项是给定循环增量。如果需要每次循环增量为 2，则将 i++ 改为 i += 2；如果需要每次循环递减，则写为 i--。

while 循环的语法格式为：

```
while （条件）
```

```
{
    执行语句；
}
```

使用循环经常用到循环语句和判断语句嵌套，如果循环条件未满足，但是需要结束循环，则使用 break 关键词。

do-while 语句与 while 语句的主要区别在于 do-while 语句至少要执行一次循环，而 while 语句可以一次循环都不用执行。

```
do
{
    执行语句；
}
while（条件）
```

在具体编程方面差异不大，在需要使用 do-while 语句的时候，也可以采用先执行一次循环，再用 while 语句代替。这与多个嵌套的 if 语句可以采用 switch 语句代替一样。

1.1.4　类与对象

类是面向对象的计算机语言的重要概念。类体现的是一种编程思想，类之间可以存在继承关系。对于小型程序而言，采用对象与方法并不能体现出类的概念的优势，采用函数形式，逐行执行程序即可。对于大型复杂程序，采用类与对象的编程方式就体现出优势来。

在编写数值计算程序时，尽可能保持良好的编程习惯，采用类与方法来写。由于作者自身水平所限，抽象类、接口、泛型、模板等复杂编程并没有在数值计算中体现出来。这些复杂的计算机编程技术，需要通过计算机语言专业书籍学习。

1. C++ 类的格式

C++ 语言中类定义如下：

```
class 类名
{
private:
    变量类型 变量名称；
```

```
    返回类型  函数名称（变量类型  变量名称）；
public:
    变量类型  变量名称；
    返回类型  函数名称（变量类型  变量名称）；
};
```

C++ 类中的函数声明与主体可以分别写在 .h 文件和 .cpp 文件中，对于少量简单函数可以内联写在 .h 文件中。

公有成员函数和变量可以在类的外部使用，主要用于实现具体操作，解决具体问题。而私有变量和成员函数在类的外部不能使用，相当于内部变量，多用于传递数据。

类是对象的抽象，对象是指类中的元素。类在使用时，必须初始化为具体的某个对象，即给具体对象中的变量赋予初始值。这个特殊的函数称为构造函数，构造函数没有返回值，函数名称与类名相同。构造函数可以有自变量，也可以没有自变量。多个自变量不同的构造函数可以同时存在，当建立对象时，程序会根据自变量自己选择执行哪个构造函数。

```
public:
类名 ()；
类名  （变量类型  变量名称）；
```

公有成员函数如果加了 static 关键字，则表示为静态成员函数，静态成员函数属于类，可以通过以下格式调用。

类名前面也有关键字，在新建一个类时，默认是 public 的。而且类的定义中最后的分号（;）不能缺少。

类名 :: 静态成员函数；

而如果是非静态成员函数，则需要通过对象调用，语法格式为：

对象名 . 公有成员函数；

对象调用公有成员变量的格式为：

对象名 . 公有成员变量；

而 C++ 中对象的声明格式为以下几种，具体根据构造函数而定。

类名 对象名；

类名 对象名(变量类型 变量名称);

2. C# 类的格式

C# 中类的定义方式与 C++ 中十分相似，只是 C# 类文件均在一个后缀为 .cs 的文件中。类中的方法也完全被类的定义所包含。

```
class 类名
{
    public  返回类型  方法名称（变量类型  变量名称）
    {
    }
    public 变量类型   变量名称;
    private 变量类型   变量名称;
}
```

在大多数关于 C# 语言的书籍中，成员函数是定义为类的一部分函数，有时也被称为方法，私有成员变量称为字段，而公有成员变量称为属性。方法的调用与 C++ 相同。无论是静态方法还是非静态方法都是通过 (.) 来调用，具体语法格式为：

类名 . 静态方法;
对象名 . 非静态方法;

C# 语言调用属性的语法格式为：

对象名 . 属性;

如果属性是只读，或者是只写，例如向量和矩阵，当数据给定的情况下，元素的个数就是只读的，则需要采用 get 控制。如果设置一年有多少个月，不能任意整数都输入，则需要用 set 控制，输入特定满足要求的数。这是 C# 与 C++ 不同的地方。

C# 中对象的声明方式为以下几种，具体根据构造函数而定。

类名 对象名 =new 类名( );
类名 对象名 =new 类名(变量类型 变量名称);

1.1.5 数组与多维数组

数组是数的集合。在 C++ 中声明一维数组的语法格式为：

变量类型 变量名称 [元素个数];

例如：

```
double vector[10];
```

数组初始化可以对数组单个变量赋值也可以同时对数组多个变量赋值。例如：

```
vector[0]=0.0;
vector[1]=1.0;
```
或者直接定义每个元素：
```
int x[2]={1, 2};
```

总之，数组在定义时必须指定数组的元素个数。C++、C# 等计算机语言与 MATLAB 语言的区别之一是，MATLAB 数组的索引是从 1 开始的，对于 n 个元组的数组，最后一个元素的索引是 n；而对于 C++、C# 等计算机语言，数组索引的起始值是 0。

对于二维数组的声明，例如声明一个 2 行 3 列的二维数组：

```
double m[2][3]={{1, 2, 3}, {4, 5, 6}};
```

对于获得数组某个位置元素的方法，例如读取 m[1][2] 将得到 6。

C# 中声明一维数组的语法格式为：

变量类型 [] 变量名称 =new 变量类型 [元素个数];

声明二维数组的语法格式为：

变量类型 [,] 变量名称 =new 变量类型 [元素行数 , 元素列数];

数组的初始化方法可以在声明数组之后，对数组元素单独赋值。例如：

```
int[] x=new int[2];
x[0]=0;
x[1]=0;
```

或者在声明的时候直接对数组所有元素赋值。

```
double[] vector={1.0, 2.1};
double[,] m={{1, 2, 3}, {4, 5, 6}};
```

1.1.6 程序调试

将调试程序单独讲，是因为很重要。数值计算编程过程中，会出现大量的计算错误。不仅有数组与矩阵索引从 0 开始而通常计数从 1 开始引起的疏忽，还有大量算法的错误，以及数组索引的溢出。因此，调试程序是不可避免的，也是必须掌握的。C++与 C# 提供了断点调试的功能，这大大方便了编程工作。以 C++ 为例，调试界面如图1-5 所示。

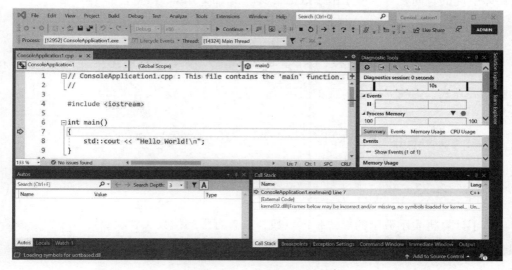

图 1-5　C++ 程序调试示意图

除了从头开始逐句调试，也可以在程序中添加断点，运行到断点处停止，一步一步调试。在 C# 中的断点调试界面如图 1-6 所示。

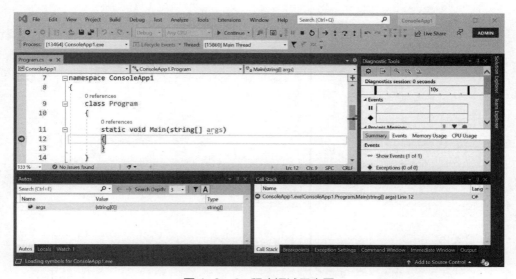

图 1-6　C# 程序调试示意图

1.2　误差分析

计算误差主要来源为两个部分：截断误差与舍入误差，其中截断误差是计算方法的误差引起的，而舍入误差是由于数据自身四舍五入引起的。

1.2.1　截断误差

截断误差是指用一个简单的表达式去近似表示一个复杂的表达式引起的误差，比如泰勒展开式，用前 n 项表示整个表达式，以及用差分公式代替微分。

$$f(x) = f(x_0) + f'(x_0)(x - x_0) + \frac{1}{2} f''(x_0)(x - x_0)^2 + o(x_0^2)$$

1.2.2　舍入误差

由于计算机表示数字的形式是浮点数，具有有限的位数。表示实数时必然会截断，四舍五入，产生精度损失。

2　向量与矩阵

数值计算的操作对象是实数、向量与矩阵，向量是 $1 \times n$ 或者 $n \times 1$ 的矩阵，矩阵一般是指 $m \times n$ 数组。向量是一维数组，矩阵是二维数组，多维矩阵也是多维数组。矩阵（包括向量以及多维矩阵）与数组（不同维数）的区别在于矩阵内部存在各种数学运算，而数组之间没有。

数值计算中经常用到的是实数与整数，这在任何编程语言中都需要先定义后使用。除了一些固定的常数，数据是以变量的形式存在，解释型语言不需要定义变量，直接使用即可；编译型语言使用实数和整数都必须提前声明变量的类型，以便于分配内存空间。MATLAB 程序中自带矩阵，不用声明可以直接使用，Python 的 numpy 模块也是直接使用。而在 C++ 与 C# 等一些编程语言内部并没有自带矩阵运算库，因此采用 C++/C# 进行数值计算就必须首先自己建立向量、矩阵以及运算规则。具体的某个向量或者某个矩阵都是对象，而一般的向量与矩阵将作为类存在，向量与矩阵之间的运算规则以及函数运算都以类的方法形式存在。建立向量与矩阵可以分别建立各自的类以及方法，也可以通过模板建立通用的 n 维矩阵类及其方法。前者编程方法简单，但是通用性差，后者编程过程较复杂，但是通用性强。在常见的数值计算中用到最多的是矩阵，其次是向量，再次是三维矩阵。因此这里主要介绍向量与矩阵类的建立，三维矩阵的建立方法类似。

2.1　向量

本节主要介绍如何通过 C++ 与 C# 编写向量类与向量对象，以及通过函数对向量进行基本操作。

2.1.1　向量类

向量类建立在一维数组的基础上，运算规则的建立，不需要指定数组元素的维数，因此需要用动态数组作为类的数据类型，同时也需要指定向量的类型与长度。对于科学计算，向量元素一般指定为 double 类型。

1. C++ 向量类

C++ 中建立动态数组可以使用指向数组的指针，但是这种方式在建立矩阵时，需要建立二维数组，而且二维数据本身存储在一维数组中，这给矩阵运算函数的编写造成不便。因此采用 C++ 中的 vector 库函数，构造一维或者多维动态数组，不必关心数据的存储位置与运算规则，加快了程序编写。使用 C++ 中的内部动态数组需要添加以下头文件：

```cpp
#include <vector>
using name space std;
```

然后使用 vector <double> 作为数据类型建立向量类 RVector。其中私有成员变量 ndim 表示向量的维数，vector 用于存储向量数据，类型为 vector <double>。建立的 4 个构造函数分别为无参数构造函数、向量维数赋值、拷贝构造函数以及动态数组赋值。通过建立读取向量元素维数的成员函数 GetLength( ) 与向量数据读取成员函数 GetVector( ) 建立向量类的基本数据读取操作。

通过在 Visual C++ 中的项目中新建类 RVector，分别在 RVector.h 添加代码如下：

```cpp
class RVector
{
private:
    int ndim;
    vector <double> vector;
public:
    RVector();
    RVector(int ndim);
    RVector(const RVector& v);
    RVector(std::vector<double> vector);
    int GetLength();
    std::vector<double> GetVector();
};
```

在 RVector.cpp 中添加成员函数的实现方式如下：

```cpp
RVector::RVector()
{
    ndim=NULL;
}
```

```
RVector::RVector(int ndim)
{
    this->ndim=ndim;
    std::vector <double> vector(ndim);
    for (int i=0; i < ndim; i++)
    {
        vector[i]=0;
    }
    this->vector=vector;
}
RVector::RVector(const RVector& v)
{
    ndim=v.ndim;
    vector=v.vector;
}
RVector::RVector(std::vector<double> vector)
{
    ndim=vector.size();
    this->vector=vector;
}
int RVector::GetLength()
{
    return ndim;
}
vector<double> RVector::GetVector()
{
    return vector;
}
```

　　需要指出的是，程序中的 const 关键字和 & 不能缺少。

2. C# 向量类

　　C# 中可以直接声明动态数组，使用 double[ ] 就可以实现向量类 RVector 数据的存储。同样的字段（相当于 C++ 中的私有成员变量）ndim 表示向量的维数，字段 vector 表示向量类中的数据。C# 中的公有属性（相当于 C++ 中的公有成员函数），没有输入参数，GetLength 实现向量类的维数数据读取，GetVector 实现向量类的存储数据读取。RVector 的 3 个 C# 构造函数与 C++ 构造函数完全相同。与 C++ 不同的是，C# 中可以不定义无参数构造函数。

```
class RVector
{
    private int ndim;
    private double[] vector;
    public RVector(int ndim)
    {
        vector=new double[ndim];
        for (int i=0; i < ndim; i++)
        {
            vector[i]=0;
        }
        this.ndim=ndim;
    }
    public RVector(double[] v)
    {
        vector=vector;
        ndim=v.Length;
    }
    public RVector(RVector v)
    {
        vector=v.vector;
        ndim=v.ndim;
    }
    public int GetLength
    {
        get
        {
            return ndim;
        }
    }
        public double[] GetVector
        {
            get
            {
                return vector;
            }
```

```
        }
}
```

从程序代码上看，C++ 与 C# 实现向量类的过程和方法是基本相同的，而且代码也是基本相同。主要区别在于编程语言特性自身。C++ 可以使用 public：声明所有公有成员和成员函数，C# 需要每个方法单独声明 public。C++ 需要用 vector <double> 定义动态数组，而 C# 仅需要 double[ ] 就可以实现。C++ 没有属性，可以通过公有成员函数读取私有成员变量，C# 可以通过属性访问字段。同样地，建立类的实例对象的方法上，C++ 与 C# 也不相同。C++ 中使用 RVector 类需要添加头文件 #include "RVector.h"，还需要手动把 RVector.h 和 RVector.cpp 两个文件复制到主程序目录下。而 C# 只需要添加 RVector.cs 文件，RVector 类自动复制到主程序所在目录。

C++ 中初始化向量类建立向量对象的几种方式如下：

```
RVector v1(10);
vector<double> t={1, 2, 3, 4, 5, 6, 7};
RVector v2(t);
RVector v3=v2;
RVector v4(v3);
RVector v5;
```

C# 中初始化向量类建立向量对象的几种方式如下：

```
RVector v1=new RVector(10);
double[] t={1, 2, 3, 4, 5, 6, 7};
RVector v2=new RVector(t);
RVector v3=v2;
RVector v4(v3);
RVector v5;
```

2.1.2　基本运算

对于向量的操作，首先是提取向量元素，接着是四则基本运算 +、−、*、/，还有其他数学函数，例如指数函数、对数函数、取绝对值、取相反数、取平均值、取最大值、取最小值以及其他构造等差数列、构造随机数等。这些在编程实现方式上都是相同的。

1. C++ 基本运算

在 C++ 的 RVector 类中重载 [ ] 运算符，可以直接通过对象名访问加上下标运算符 [ ] 读写向量的某个元素，而不必通过先使用公有成员函数 GetVector() 再加上下标运算符 [ ] 读写数据。

在 RVector.h 文件 RVector 类中添加：

```
double& operator[](int i);
```

在 RVector.cpp 文件中添加：

```
double& RVector::operator[](int i)
{
    if (i < 0 || i > ndim)
    {
        throw "Error!";
    }
    return vector[i];
}
```

C++ 中定义 +、−、*、/ 运算需要重载运算符，这里采用两种常见的方式的另一种，即通过 friend 友元函数实现。以 + 运算的实现为例，具体程序代码如下：

在 RVector.h 文件中 RVector 类中添加：

```
friend RVector operator+(RVector v1, RVector v2);
```

在 RVector.cpp 文件中添加：

```
RVector operator+(RVector v1, RVector v2)
{
    if (v1.ndim == v2.ndim)
    {
        RVector v3(v1.ndim);
        for (int i=0; i < v1.ndim; i++)
        {
            V3[i]=v1[i]+v2[i];
        }
        return v3;
    }
    else
```

```
        {
            throw "Error!";
        }
    }
```

对于其他 −、*、/ 运算的重载都是类似的。不仅可以重载向量类之间的运算，还可以重载向量与数字之间的运算。

2. C# 基本运算

C# 读写向量的某个元素，通过重载下标运算符 [ ] 实现，避免了使用属性 GetVector 再加上下标运算符 [ ] 实现向量元素的读写。

```
public double this[int i]
{
    get
    {
        if (i < 0 || i > ndim)
        {
            throw new Exception("Error!");
        }
        return vector[i];
    }
    set
    {
        vector[i]=value;
    }
}
```

C# 中同样可以重载 +、−、*、/ 运算符，由于向量的运算是属于所有向量的，而不是某个具体向量，故需要在这些方法名前面加上 static 关键字，使之成为静态方法，静态方法属于类而不属于对象，因此不需要采用关键字 new 建立对象，就可以直接访问，访问的形式是"类名 . 方法名"。

```
public static RVector operator +(RVector v1, RVector v2)
{
    if (v1.ndim == v2.ndim)
    {
        RVector v3=new RVector(v1.ndim);
```

```
        for (int i=0; i < v1.ndim; i++)
        {
            v3[i]=v1[i]+v2[i];
        }
        return v3;
    }
    else
    {
        throw new Exception("Error!");
    }
}
```

对于其他 –、∗、/ 运算的重载都是类似的。

C++ 和 C# 重载运算符的方法（类成员函数）基本是相同的，区别在于对象的声明与访问上。

2.1.3　复杂运算

1. C++ 实现

在 C++ 中建立向量的数学函数，需要添加头文件 #include <cmath>，采用 static 关键字建立静态成员函数来访问向量类的私有成员与类对象，以指数函数、对数函数以及幂函数为例：

在 **RVector.h** 文件 **RVector** 类中添加成员函数的定义：

```
static RVector Exp(RVector v);
static RVector Log(RVector v);
static RVector Pow(RVector v, double x);
```

在 **RVector.cpp** 文件中添加成员函数的内容：

```
RVector RVector::Exp(RVector v)
{
    RVector r(v.ndim);
    for (int i=0; i < v.ndim; i++)
    {
        r[i]=exp(v[i]);
    }
```

```
        return r;
}
RVector RVector::Log(RVector v)
{
        RVector r(v.ndim);
        for (int i=0; i < v.ndim; i++)
        {
                r[i]=log(v[i]);
        }
        return r;
}
RVector RVector::Pow(RVector v, double x)
{
        RVector r(v.ndim);
        for (int i=0; i < v.ndim; i++)
        {
                r[i]=pow(v[i], x);
        }
        return r;
}
```

除了指数函数、平方根函数、对数函数、幂函数、绝对值、正弦、余弦、正切函数的实现方式都是类似的，对向量的每个元素逐个代入数学函数计算。

2. C# 实现

在 C# 中定义数学函数，只需要有 "using System;" 即可调用系统内部数学函数，以向量类的绝对值函数为例：

```
public static RVector Abs(RVector v)
{
        RVector r=new RVector(v.ndim);
        for (int i=0; i < v.ndim; i++)
        {
                r[i]=Math.Abs(v[i]);
        }
        return r;
}
```

向量的内积表示为两个向量逐点元素积的和，其程序实现如下：

```csharp
public static double DotProduct(RVector v1, RVector v2)
{
    double result=0;
    if (v1.ndim == v2.ndim)
    {
        for (int i=0; i < v1.ndim; i++)
        {
            result += v1[i]*v2[i];
        }
        return result;
    }
    else
    {
        throw new Exception("Error!");
    }
}
```

计算向量的范数，其程序实现如下：

```csharp
public static double Norm(RVector v)
{
    double result=0;
    for (int i=0; i < v.ndim; i++)
    {
        result += v[i]*v[i];
    }
    result=Math.Sqrt(result);
    return result;
}
```

C# 与 C++ 还有一个区别，需要特别指出。C# 中需要定义一个拷贝方法，而 C++ 中不需要。C# 中的向量对象之间数据传递用 "=" 仅表示引用，实质上多个对象指向相同的对象数据，当其中一个对象发生变化时，另一个对象也会同时发生变化。而 C++ 中通过复制已有对象新建对象时，新建对象与已有对象的数据之间不会发生同时变化的情况，所以不需要添加拷贝方法。如果仅需要复制向量中的数据，而不想两者同时发生变化，就需要在 C# 中定义拷贝方法。新建一个相同的对象，拷贝原对象中的数据。可以采用多种方式实现拷贝，如数组数据遍历复制，采用 Copy 方法与 CopyTo 方法，也可以使用 Clone 方法，这里采用 Clone 方法实现。

```
public RVector Clone()
{
    RVector r=new RVector(ndim);
    r.vector=(double[])vector.Clone();
    return r;
}
```

2.1.4　特殊向量

特殊向量指全部是 0 或者全部是 1、等差数列以及其他函数生成的向量。C++ 与 C# 的实现方式是相同的。成员函数 LineSpace 主要是在 start 与 end 之间分出 n 等份，LineRange 函数是从 start 开始，间隔为 inter，到 end 为止。这两个函数均是生成满足等差数列的向量，略有差异。主要区别在于向量的个数和最后一个元素。程序代码以 C++ 为例实现，C# 的实现方式略有变化，不同之处前文中已有具体说明，这里不再说明。

在 RVector.h 文件中加入成员函数的定义：

```
static RVector LineSpace(double start, double end, int n);
static RVector LineRange(double start, double inter, double end);
```

在 RVector.cpp 文件中加入成员函数的内容：

```
RVector RVector::LineSpace(double start, double end, int n)
{
    RVector r(n+1);
    for (int i=0; i < r.ndim; i++)
    {
        r.vector[i]=start+(end-start)/n*i;
    }
    return r;
}
RVector RVector::LineRange(double start, double inter, double end)
{
    int ndim=(int)(floor((end-start)/inter)+1);
    RVector r(ndim);
```

```
    for (int i=0; i < r.ndim; i++)
    {
            r.vector[i]=start+inter*i;
    }
    return r;
}
```

2.1.5 输出向量

1. C++ 实现

为了在 C++ 中显示向量的每一个元素，利用 friend 关键字在 RVector 类中定义 ShowVector 全局成员函数。

在 RVector.h 文件中加入成员函数的定义：

```
static void ShowVector(RVector v);
static void ShowVector(std::vector<double> v);
```

在 RVector.cpp 文件中需要确保以下头文件：

```
#include <iostream>
#include <iomanip>
using namespace std;
```

并添加成员函数的内容，使得向量元素间隔输出在同一行，程序中 fixed 和 setprecision 确保输出数据保留 4 位有效数字。

```
void RVector::ShowVector(RVector v)
{
    for (int i=0; i < v.ndim; i++)
    {
            cout <<fixed<< setprecision(4)<<v[i]<<" ";
    }
    cout << endl<<endl;
}
void RVector::ShowVector(std::vector<double> v)
{
    for (int i=0; i < v.size(); i++)
    {
```

```
        cout <<fixed<< setprecision(4)<<v[i]<<" ";
    }
    cout << endl<<endl;
}
```

程序中 vector 前面加 std:: 的原因是: RVector 类的私有成员名称也为 vector, 和 vector 容器名称重合了。

2. C# 实现

在 C# 中输出一个向量的每一个元素, 同样需要用到 for 循环与输出命令 Write, 具体在 RVector 类中建立 ShowVector 静态方法如下:

```
public static void ShowVector(RVector v)
{
    for (int i=0; i < v.ndim; i++)
    {
        Console.Write(v[i].ToString("0.0000"));
        Console.Write(" ");
    }
    Console.WriteLine('\n');
}
```

重载以上静态方法, 可以用于显示数组:

```
public static void ShowVector(double[] v)
{
    for (int i=0; i < v.Length; i++)
    {
        Console.Write(v[i].ToString("0.0000"));
        Console.Write(" ");
    }
    Console.WriteLine('\n');
}
```

程序中 ToString 里面格式控制输出数据为保留小数点后 4 位。

2.2 矩阵

本节主要介绍如何通过 C++ 与 C# 编写矩阵类与矩阵对象，以及通过函数对矩阵进行基本操作。

2.2.1 矩阵类

矩阵类建立在二维数组的基础上，包括矩阵之间的运算，同样不需要指定二维数组行数与列数，以及元素的个数，需要用二维动态数组作为类的数据类型来存储矩阵中的元素。同时也需要指定矩阵的行数与列数。对于矩阵计算，矩阵元素一般指定为 double 类型。

1. C++ 矩阵类

在 C++ 中建立二维动态数组可以使用指向数组指针的指针，但是矩阵数据存储在一维数组中，用一个索引读取矩阵元素很不方便，这对于复杂函数的编写造成不便。因此采用 C++ 中的 vector 库函数，构造二维或者多维动态数组，同样不必关心数据的存储位置与释放指针的问题，加快了程序编写。在 C++ 中添加以下头文件使用二维动态数组。

```
#include<vector>
using namespace std;
```

然后使用 vector<vector<double>> 作为数据类型建立矩阵类 RMatrix。其中用私有成员变量 nRows 表示矩阵的行数，用私有成员变量 nCols 表示矩阵的列数。matrix 用于存储矩阵的数据，类型为 vector<vector<double>>。同样建立的 3 个构造函数，分别通过矩阵的行数与列数、复制已有矩阵为新建矩阵以及通过二维动态数组初始化矩阵类建立矩阵对象。通过建立读取矩阵行数与列数的成员函数 GetnRows( ) 与 GetnCols( )，以及矩阵数据读取成员函数 GetMatrix( ) 实现矩阵类的基本数据读取操作。

通过在 visual C++ 中的项目中新建类 RMatrix，分别在 RMatrix.h 添加代码如下：

```
class RMatrix
{
private:
    int nRows;
    int nCols;
    vector<vector<double>> matrix;
```

```cpp
public:
    RMatrix();
    RMatrix(int ndim);
    RMatrix(int nRows, int nCols);
    RMatrix(const RMatrix& ma);
    RMatrix(vector<vector<double>> matrix);
    int GetnRows();
    int GetnCols();
    vector<vector<double>> GetMatrix();
};
```

在 **RMatrix.cpp** 中添加成员函数的实现方式如下：

```cpp
RMatrix::RMatrix()
{
    nRows=NULL;
    nCols=NULL;
}
RMatrix::RMatrix(int ndim)
{
    nRows=ndim;
    nCols=ndim;
    vector<vector<double>> matrix(nRows, vector<double>(nCols));
    for (int i=0; i < nRows; i++)
    {
        for (int j=0; j < nCols; j++)
        {
            matrix[i][j]=0;
        }
    }
    this->matrix=matrix;
}
RMatrix::RMatrix(int nRows, int nCols)
{
    this->nRows=nRows;
    this->nCols=nCols;
    vector<vector<double>> matrix(nRows, vector<double>(nCols));
    for (int i=0; i < nRows; i++)
```

```
        {
                for (int j=0; j < nCols; j++)
                {
                        matrix[i][j]=0;
                }
        }
        this->matrix=matrix;
}
RMatrix::RMatrix(vector<vector<double>> matrix)
{
        int nRows=matrix.size();
        int nCols=matrix[0].size();
        this->nRows=nRows;
        this->nCols=nCols;
        this->matrix=matrix;
}
RMatrix::RMatrix(const RMatrix& m)
{
        nRows=m.nRows;
        nCols=m.nCols;
        matrix=m.matrix;
}
int RMatrix::GetnRows()
{
        return nRows;
}
int RMatrix::GetnCols()
{
        return nCols;
}
vector<vector<double>> RMatrix::GetMatrix()
{
        return matrix;
}
```

需要指出的是，程序中的 const 关键字和 & 不能缺少。

2. C# 矩阵类

C# 中可以直接声明二维动态数组，使用 double[,] 就可以实现矩阵类 RMatrix 数据的存储。同样建立两个字段（相当于 C++ 中的私有成员变量）nRows 和 nCols 表示矩阵的行数与列数，建立字段 matrix 表示矩阵类中的数据。在 C# 中建立公有属性（相当于 C++ 中的公有成员函数）GetnRows 与 GetnCols，分别用于读取矩阵类的行数与列数。GetMatrix 实现矩阵数据的读取，返回类型为 double[,]。C# 中 RMatrix 的几个构造函数与 C++ 中构造函数完全相同。

```csharp
class RMatrix
{
    private int nRows;
    private int nCols;
    private double[,] matrix;
    public RMatrix(int nRows, int nCols)
    {
        this.nRows=nRows;
        this.nCols=nCols;
        this.matrix=new double[nRows, nCols];
        for (int i=0; i < nRows; i++)
        {
            for (int j=0; j < nCols; j++)
            {
                matrix[i, j]=0;
            }
        }
    }
    public RMatrix(double[,] matrix)
    {
        this.nRows=matrix.GetLength(0);
        this.nCols=matrix.GetLength(1);
        this.matrix=matrix;
    }
    public RMatrix(int ndim)
    {
        nRows=ndim;
        nCols=ndim;
```

```
        matrix=new double[nRows, nCols];
        for (int i=0; i < nRows; i++)
        {
            for (int j=0; j < nCols; j++)
            {
                matrix[i, j]=0;
            }
        }
    }
    public RMatrix(RMatrix m)
    {
        nRows=m.nRows;
        nCols=m.nCols;
        matrix=m.matrix;
    }
    public int GetnRows
    {
        get {return nRows;}
    }
    public int GetnCols
    {
        get {return nCols;}
    }
    public double[,] GetMatrix
    {
        get
        {
            return matrix;
        }
    }
}
```

　　无论 C++ 还是 C#，建立矩阵类的方式与向量类相同。从程序代码上看，C++ 与 C#
实现矩阵类的过程和方法是相同的，而且代码也基本相同。除了在向量类中指出的两
种编程语言的区别以外，矩阵类还有以下区别：C++ 中通过 vector<vector<double>> 建立
二维动态数组，而在 C# 中采用 double[,] 建立二维动态数组。C++ 中读取矩阵元素需要
两个下标运算符 [ ][ ]，而 C# 中采用 [,] 方式实现。C++ 通过公有成员函数读取矩阵的行

数、列数、数据，而 C# 通过属性 get 关键字访问字段。同样地，建立类的实例对象的方法上，C++ 与 C# 也不相同。C++ 中使用 RMatrix 类需要添加头文件 #include "RMatrix.h"，还需要手动把 RMatrix.h 和 RMatrix.cpp 两个文件复制到主程序目录下。而 C# 只需要添加 RMatrix.cs 文件，RMatrix 类自动复制到主程序所在目录。

C++ 中初始化矩阵类建立矩阵对象的几种方式分别如下：

```
RMatrix m1(3, 5);
vector<vector<double>> t={{1,2,3},{4,5,6}};
RMatrix m2(t);
RMatrix m3=m2;
RMatrix m4(m3);
RMatrix m5;
```

C# 中初始化矩阵类建立矩阵对象的几种方式分别如下：

```
RMatrix m1=new RMatrix(3, 5);
double[,] t={{1,2,3},{4,5,6}};
RMatrix m2=new RMatrix(t);
RMatrix m3=m2;
RMatrix m4(m3);
RMatrix m5;
```

2.2.2 基本运算

对于矩阵的操作，首先同样是读写矩阵元素，接着是四则基本运算 +、-、*、/，还有其他数学函数，比如指数函数、对数函数、取绝对值、取相反数、取平均值、取最大值、取最小值以及其他对角矩阵、单位矩阵全 1 矩阵、随机数矩阵等。这些在编程实现方式上与向量类都是相同的思想，在 C++ 与 C# 的编程实现方式上也是完全类似的，差异非常小。

1. C++ 基本运算

在 C++ 的 RMatrix 类中同样需要重载 [ ] 运算符，这样可以直接通过对象名加上下标运算符 [ ][ ] 访问矩阵的某个元素，而不必通过先使用公有成员函数 GetMatrix() 再加上下标运算符 [ ][ ] 读写数据。

在 RMatrix.h 文件 RMatrix 类中添加类成员函数的声明：

```
vector<double>& operator[](int i);
```

在 RMatrix.cpp 文件 RMatrix 类中添加类成员函数的定义：

```cpp
vector<double>& RMatrix::operator[](int i)
{
    if (i < 0 || i > nRows)
    {
        throw "Error!";
    }
    return matrix[i];
}
```

C++ 中定义 +、−、*、/ 运算需要重载运算符，这里通过 friend 关键字建立友元函数实现。以 + 和 * 运算的实现为例具体程序代码如下：

在 RMatrix.h 文件 RMatrix 类中添加类成员函数的定义：

```cpp
friend RMatrix operator+(RMatrix m1, RMatrix m2);
friend RMatrix operator*(RMatrix m1, RMatrix m2);
```

在 RMatrix.cpp 文件 RMatrix 类中添加类成员函数的内容：

```cpp
RMatrix operator+ (RMatrix m1, RMatrix m2)
{
    if (m1.nRows != m2.nRows && m1.nCols != m2.nCols)
    {
        throw "Error!";
    }
    RMatrix result(m1.nRows, m1.nCols);
    for (int i=0; i < m1.nRows; i++)
    {
        for (int j=0; j < m1.nCols; j++)
        {
            result[i][j]=m1[i][j]+m2[i][j];
        }
    }
    return result;
}
RMatrix operator *(RMatrix m1, RMatrix m2)
{
```

```
if (m1.nCols != m2.nRows)
{
    throw "Error";
}
double tmp;
RMatrix result(m1.nRows, m2.nCols);
for (int i=0; i < m1.nRows; i++)
{
    for (int j=0; j < m2.nCols; j++)
    {
        tmp=0;
        for (int k=0; k < m1.nCols; k++)
        {
            tmp += m1[i][k]*m2[k][j];
        }
        result[i][j]=tmp;
    }
}
return result;
}
```

对于矩阵其他 –、/ 等运算的重载都是类似的。

2. C# 基本运算

C# 中读写矩阵的某个元素，通过重载下标运算符 [,] 实现，避免了使用属性 GetVector 再加上下标运算符 [,] 实现矩阵元素的读写。

```
public double this[int m, int n]
{
    get
    {
        if (m < 0 || m > nRows)
        {
            throw new Exception("Error!");
        }
        if (n < 0 || n > nCols)
        {
            throw new Exception("Error!");
```

```
        }
        return matrix[m, n];
    }
    set
    {
        matrix[m, n]=value;
    }
}
```

C# 中同样可以重载矩阵 +、−、*、/ 运算符，矩阵的运算是属于所有矩阵的，而不是某个具体的矩阵，故在这些方法名前面加上 static 关键字，使之成为静态方法，属于类而不属于对象，因此不需要采用关键字 new 建立对象，就可以直接访问，访问的形式是"类名.方法名"。这里以 C# 的矩阵一元运算符 − 求矩阵相反数为例：

```
public static RMatrix operator -(RMatrix m)
{
    for (int i=0; i < m.nRows; i++)
    {
        for (int j=0; j < m.nCols; j++)
        {
            m[i, j]=-m[i, j];
        }
    }
    return m;
}
```

矩阵与数之间的加法运算定义如下：

```
public static RMatrix operator +(RMatrix m, double d)
{
    RMatrix result=new RMatrix(m.nRows, m.nCols);
    for (int i=0; i < m.nRows; i++)
    {
        for (int j=0; j < m.nCols; j++)
        {
            result[i, j]=m[i, j]+d;
        }
    }
```

```
    return result;
}
```

2.2.3 复杂运算

矩阵与矩阵之间，除了简单的逐点加、减、乘、除以及矩阵相乘以外，矩阵还可以与行向量或者列向量相互加、减、乘、除，矩阵与点之间相互加、减、乘、除等运算。

除了以上运算，矩阵还存在一些运算，比如提取某一行、提取某一列，替换某一行或者替换某一列，交换某两行或者交换某两列，求矩阵的转置，求矩阵的上三角矩阵、对角矩阵、下三角矩阵等。

1. C++ 实现复杂函数

C++ 中通过 static 定义静态成员函数实现对 RMatrix 对象操作，内部采用 for 循环或者双重 for 循环遍历矩阵元素实现对矩阵的操作。

例如矩阵的转置程序实现方式如下：

例1 在 RMatrix.h 文件中添加函数的定义：

```
static RMatrix Transpose(RMatrix m);
```

在 RMatrix.cpp 文件中添加函数内容：

```
RMatrix RMatrix::Transpose(RMatrix m)
{
    RMatrix r (m.nCols, m.nRows);
    for (int i=0; i < r.nRows; i++)
    {
        for (int j=0; j < r.nCols; j++)
        {
            r[j][i]=m[i][j];
        }
    }
    return r;
}
```

例2 取矩阵的上三角矩阵，程序实现方式如下：

在 RMatrix.h 文件中添加函数的定义：

```
static RMatrix TriU(RMatrix m);
```

在 **RMatrix.cpp** 文件中添加函数内容：

```cpp
RMatrix RMatrix::TriU(RMatrix m)
{
    RMatrix r(m.nRows, m.nCols);
    for (int i=0; i < m.nRows; i++)
    {
        for (int j=0; j < m.nCols; j++)
        {
            if (i <= j)
            {
                r[i][j]=m[i][j];
            }
            else
            {
                r[i][j]=0;
            }
        }
    }
    return r;
}
```

例 3 交换矩阵的两行，程序实现方式如下：

在 **RMatrix.h** 文件中添加函数的定义：

```cpp
static RMatrix SwapRow(RMatrix mat, int m, int n);
```

在 **RMatrix.cpp** 文件中添加函数内容：

```cpp
RMatrix RMatrix::SwapRow(RMatrix mat, int m, int n)
{
    double temp=0;
    for (int i=0; i < mat.nCols; i++)
    {
        temp=mat[m][i];
        mat[m][i]=mat[n][i];
        mat[n][i]=temp;
```

```
    }
    return mat;
}
```

2. C# 实现复杂函数

C# 中定义以矩阵为自变量的方法或者以矩阵为返回值的方法，有两种方式：一种是定义为非静态方法，由对象访问；另一种是定义为静态方法，由类名访问。

例如 C# 中同样交换矩阵两行，程序如下：

```
public static RMatrix SwapRow(RMatrix mat, int m, int n)
{
    double temp=0;
    for (int i=0; i < mat.nCols; i++)
    {
        temp=mat[m, i];
        mat[m, i]=mat[n, i];
        mat[n, i]=temp;
    }
    return mat;
}
```

如果采用静态方法，C# 程序与 C++ 程序几乎完全一样。

例如采用静态方法，将矩阵 mat 的第 m 行换成向量 vec，并返回矩阵。程序如下：

```
public static RMatrix ReplaceRow(RMatrix mat, int m, RVector vec)
{
    if (m < 0 || m > mat.nRows)
    {
        throw new Exception("Error!");
    }
    if (vec.GetLength != mat.nCols)
    {
        throw new Exception("Error!");
    }
    for (int i=0; i < mat.nCols; i++)
    {
        mat[m, i]=vec[i];
```

```
        }
        return mat;
    }
}
```

而采用非静态方法将矩阵的第 m 列与第 n 列交换，并返回矩阵。

```
public RMatrix SwapCol(int m, int n)
{
    double temp=0;
    for (int i=0; i < this.nRows; i++)
    {
        temp=this[i, m];
        this[i, m]=this[i, n];
        this[i, n]=temp;
    }
    return this;
}
```

从以上程序可以看出，两者之间的差异仅仅在于非静态方法可以通过 this 指针指向对象，而静态方法通过类名访问比较方便，需要在方法的自变量中定义待操作矩阵。

与向量类相同，在 C# 中矩阵对象的二维数组数据之间复制，不是引用指向相同的数据，也需要在 **RMatrix.cs** 文件中添加拷贝方法，如下：

```
public RMatrix Clone()
{
    RMatrix m=new RMatrix(nRows, nCols);
    m.matrix=(double[,])matrix.Clone();
    return m;
}
```

在 C++ 中不需要添加 Clone 方法，因为 C++ 中通过复制对象数据新建出新的对象，新对象与原对象不共享数据。

2.2.4 特殊矩阵

在矩阵操作中最常见的矩阵为全 0 矩阵与全 1 矩阵。这两种矩阵在矩阵操作初始化过程中非常重要。

1. C++ 实现

C++ 中矩阵对象初始化过程就默认定义为全 0 矩阵，自定义全 0 矩阵与全 1 矩阵可以用 C++ 的静态成员函数，这样的矩阵不依赖于对象而依赖于类的存在。

在 RMatrix.h 文件中添加函数的定义：

```cpp
static RMatrix ZerosMatrix(int nRows, int nCols);
static RMatrix OnesMatrix(int nRows, int nCols);
```

在 RMatrix.cpp 文件中添加函数内容：

```cpp
RMatrix RMatrix::ZerosMatrix(int nRows, int nCols)
{
    RMatrix m(nRows, nCols);
    for (int i=0; i < m.nRows; i++)
    {
        for (int j=0; j < m.nCols; j++)
        {
            m[i][j]=0;
        }
    }
    return m;
}
RMatrix RMatrix::OnesMatrix(int nRows, int nCols)
{
    RMatrix m(nRows, nCols);
    for (int i=0; i < m.nRows; i++)
    {
        for (int j=0; j < m.nCols; j++)
        {
            m[i][j]=1;
        }
    }
    return m;
}
```

2. C# 实现

在 C# 中添加全 0 矩阵和全 1 矩阵的静态方法，该方法不依赖于对象而依赖于类的存在，双重循环对矩阵的每一个元素实现赋值。

```
public static RMatrix ZerosMatrix(int nRows, int nCols)
{
      RMatrix m=new RMatrix(nRows, nCols);
      for (int i=0; i < m.nRows; i++)
      {
            for (int j=0; j < m.nCols; j++)
            {
                  m[i, j]=0;
            }
      }
      return m;
}
public static RMatrix OnesMatrix(int nRows, int nCols)
{
      RMatrix m=new RMatrix(nRows, nCols);
      for (int i=0; i < m.nRows; i++)
      {
            for (int j=0; j < m.nCols; j++)
            {
                  m[i, j]=1;
            }
      }
      return m;
}
```

比较 C++ 和 C# 实现向量类与矩阵类，最大的区别在成员函数的定义、对象的初始化以及元素的读写方面，C++ 采用 [ ][ ] 下标，而 C# 采用 [,] 下标。本文中 C++ 的私有成员及类成员函数与 C# 的字段及方法定义的名称均相同，便于两种语言比较。如果没有其他较大差异，文中一贯以 C++ 程序为主。

2.2.5 输出矩阵

这里讲的输出矩阵是将矩阵显示到控制台中。

1. C++ 实现

在 RMatrix.h 文件中添加静态成员函数的定义：

```
static void ShowMatrix(RMatrix m);
static void ShowMatrix(vector<vector<double>> m);
```

在 **RMatrix.cpp** 中添加静态成员函数的内容：

```
void RMatrix::ShowMatrix(RMatrix m)
{
    for (int i=0; i < m.nRows; i++)
    {
        for (int j=0; j < m.nCols; j++)
        {
            cout <<fixed<<setprecision(4)<< m[i][j] <<" ";
        }
        cout << endl;
    }
    cout << endl;
}
```

重载输出矩阵静态成员函数，可以同时输出二维动态数组。

```
void RMatrix::ShowMatrix(vector<vector<double>> m)
{
    for (int i=0; i < m.size(); i++)
    {
        for (int j=0; j < m[0].size(); j++)
        {
        cout << fixed << setprecision(4) << m[i][j] << " ";
        }
        cout << endl;
    }
    cout << endl;
}
```

同样为了实现控制输出数据保留小数点之后 4 位，需要确保添加了以下几个头文件：

```
#include <iostream>
#include <iomanip>
using namespace std;
```

2. C# 实现

同样在 C# 的 **RMatrix.cs** 文件中添加 ShowMatrix( ) 静态方法如下：

```csharp
public static void ShowMatrix(RMatrix m)
{
    for (int i=0; i < m.nRows; i++)
    {
        for (int j=0; j < m.nCols; j++)
        {
            Console.Write(m[i, j].ToString("0.0000"));
            Console.Write(" ");
        }
        Console.WriteLine();
    }
    Console.WriteLine();
}
```

重载输出矩阵静态方法，可以同时输出二维动态数组。

```csharp
public static void ShowMatrix(double[,] m)
{
    for (int i=0; i < m.GetLength(0); i++)
    {
        for (int j=0; j < m.GetLength(1); j++)
        {
            Console.Write(m[i, j].ToString("0.0000"));
            Console.Write(" ");
        }
        Console.Write('\n');
    }
    Console.WriteLine(" ");
}
```

2.3　其他矩阵

在数值计算过程中，除了用到整数、实数、向量、矩阵，也有可能用到复数、复数矩阵以及三维及其以上矩阵，还有不同类型的混合容器元胞。这些数据类型的建立方法是相通的，都是建立相应的类，同时再建立相应的运算规则。由于本书中用到的非常少，故此处不再赘述。

3　非线性方程求解

自古以来，方程 $f(x)=0$ 求根一直是数学研究的中心问题。在现代数值计算中，非线性方程求根也很重要。例如求解函数 $f(x)$ 的极值，是通过求解导函数的 $f'(x)=0$ 根来实现。更广泛的，对于很多最优化问题，都不可避免地需要对方程求根。本章重点介绍求解非线性方程的 3 种算法、普通迭代法、二分迭代法以及牛顿迭代法。对于其他迭代法，比如黄金分割迭代法、割线法、抛物线法等类似算法暂时不做介绍。

3.1　普通迭代法

普通迭代法就是构造出迭代关系式，通过循环语句实现迭代关系，迭代过程中需要定义两个变量，相互赋值，直到迭代结束。

3.1.1　算法程序

求解方程 $f(x)=0$ 的根，最简单的方法就是构造迭代函数式 $x=g(x)$ ，反复迭代 $x_{n+1}=g(x_n)$ ， n 从 1 开始不断增加，迭代计算是不断重复的过程，在计算机语言中通过 for、while、do while 语句实现。循环中止的条件一般是循环次数限制或者相邻两次迭代值的绝对值偏差以及相对偏差。采用迭代法对方程求根的主要优点是简单，缺点是速度慢而且迭代不一定会收敛。

例如：如果 $x_1=1$ 且 $x_{n+1}=1.001x_n$ ，其中 $k=0$ ，1，…。很显然这个迭代式会产生一个发散数列。

例如：如果 $x_1=0.5$ 且 $x_{n+1}=\exp(-x_n)$ ，其中 $k=0$ ，1，…。很显然这个迭代式会产生一个收敛数列。

普通迭代式是收敛还是发散的判定方法是不动点定理，该定理主要是说满足 $|g'(x)|<1$ 的迭代式会产生一个收敛序列。

计算机程序实现普通迭代算法都是相同的，就是建立两个变量 x_0 与 x_1 ， x_0 用于存储当前迭代值， x_1 存储下次迭代值，即 $x_1=g(x_0)$ ，然后再将当前迭代值赋值为下次迭代值，即 $x_0=x_1$ ，完成一次迭代循环。

为了方便实现普通迭代法程序编写与调用，同时兼顾到面向对象语言的编写思路，新建一个类，名称为SolutionofNonlinearEquation，在C++与C#中都以相同名称出现，求解非线性方程的所有函数是在该类中添加静态成员函数（静态方法），采用静态方法是为了方便使用类名调用。普通迭代法的静态成员函数（静态方法）需要以迭代函数与初始值为自变量，一个函数作为另一个函数的自变量需要使用函数指针。C++中采用typedef关键字实现，而C#中采用delegate关键字实现。

1. C++实现

首先建立函数指针，定义一个通用的Function，用于表示迭代函数，在类public下面输入以下声明：

```
typedef double (*Function)(double);
```

在SolutionofNonlinearEquation.h文件中建立普通迭代法的成员函数的定义：

```
static double FixedPointIteration(Function f, double x0, double tol, int maxit);
```

在SolutionofNonlinearEquation.cpp文件添加以下头文件，是为了使用绝对值函数，即double abs（double）。

```
#include <cmath>
using namespace std;
```

添加普通迭代法成员函数的内容：

```
double SolutionofNonlinearEquation::FixedPointIteration(Function
f, double x0, double tol, int maxit)
{
    double x1;
    double er;
    for (int i=0; i < maxit; i++)
    {
        x1=f(x0);
        er=abs(x1-x0);
        x0=x1;
        if (i > maxit || er < tol)
        {
```

```
                    break;
                }
        }
        return x0;
}
```

在 C++ 主程序中调用迭代法静态成员函数，可以直接通过类名 :: 静态成员函数的形式调用。迭代函数名称作为自变量代入即可。为了方便与 C# 语言比较，文中将迭代函数定义为类的静态成员函数然后再代入迭代法静态成员函数，而不是直接定义为独立的函数直接代入。这样 C++ 与 C# 程序在形式上是完全类似的。

2. C# 实现

在 C# 中没有指针，但是同样需要实现函数指针的功能，即委托。在类中添加以下代码实现：

```
public delegate double Function(double x);
```

同样需要用到求绝对值函数，在 C# 中使用该函数需要添加以下代码：

```
using System;
```

在类中添加普通迭代法的静态方法的内容，C# 程序与 C++ 程序完全相同，区别仅在于函数名称前面的关键字与绝对值函数的调用。

```
public static double FixedPointIteration(Function f, double x0,
double tol, int maxit)
{
    double x1;
    double er;
    for (int i=0; i < maxit; i++)
    {
        x1=f(x0);
        er=Math.Abs(x1-x0);
        x0=x1;
        if (i > maxit || er < tol)
        {
            break;
        }
    }
```

```
    return x0;
}
```

在 C# 主程序中调用迭代法静态方法，通过类名.静态方法的形式调用。由于 C# 中函数不能独立与类存在，因此迭代函数必须定义在类中，因此迭代函数定义为类静态方法，同样通过类名.静态方法的方式代入即可。

3.1.2　算例介绍

以普通迭代法求解一个正数 A 的平方根为例，即需要求解非线性方程 $f(x)=x^2-A=0$，方程两边除以 x，可以构造迭代式 $x=g(x)=\dfrac{A}{x}$，但是该迭代式不满足不动点定理不能收敛，因此上式两边再加上 x 除以 2，即可得迭代函数为 $g(x)=\dfrac{x+A/x}{2}$，该迭代式根据不动点定理判定该迭代式可以收敛。以求 2 的平方根为例。

1. C++ 实现

首先在 C++ 中新建一个 Test 类，在 Test 类中建立静态成员函数 Fun，分别在 Test.h 和 Test.cpp 中添加程序如下：

```
static double Fun(double x);
double Test::Fun(double x)
{
    return (x+2/x)/2;
}
```

在 main 函数中调用迭代函数，需要添加 Test 类的头文件 Test.h，为了方便比较 C++ 与 C# 程序结果之间的差异，在 C++ 中添加 #include <iomanip> 头文件，可以使用 setprecision 函数设置显示精度，C# 中显示精度为小数点之后 14 位，因此 C++ 中使用 setprecision(15) 显示相同的精度。具体主程序如下：

```
#include <iostream>
#include "SolutionofNonlinearEquation.h"
#include <iomanip>
#include "Test.h"
using namespace std;
```

```
int main()
{
    double x0=1;
    double tol=1E-6;
    int maxit=200;
    double r;
    r=SolutionofNonlinearEquation::FixedPointIteration(Test::
        Fun, x0, tol, maxit);
    cout << setprecision(15) << r<<endl;
}
```

计算结果如图 3-1 所示。

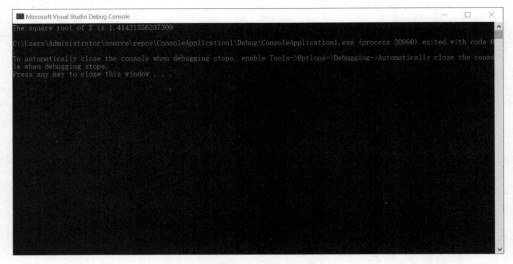

图 3-1　在 C++ main 函数中调用普通迭代函数法求解非线性方程结果示意图

2. C# 实现

首先在 C# 中新建一个 Test 类，在 Test 类中建立静态方法 Fun，添加程序如下：

```
class Test
{
    public static double Fun(double x)
    {
        return (x+2/x)/2;
    }
}
```

在 Main 静态方法中调用迭代法静态成员方法，具体程序如下：

```
using System;
namespace ConsoleApp1
{
    class Program
    {
        static void Main(string[] args)
        {
            double x0=1;
            double tol=1E-6;
            int maxit=200;
            double r;
            r=SolutionofNonlinearEquation.FixedPointIteration(Test.
              Fun, x0, tol, maxit);
            Console.Write("The square root of 2 is ");
            Console.WriteLine(r);
            Console.ReadKey();
        }
    }
}
```

计算结果如图 3-2 所示。

图 3-2 在 C# main 函数中调用普通迭代函数法求解非线性方程结果示意图

比较 C++ 与 C# 的主程序，C++ 调用迭代法静态成员函数的方法为：

SolutionofNonlinearEquation::FixedPointIteration

C# 中调用迭代法静态方法的过程为：

SolutionofNonlinearEquation.FixedPointIteration

C++ 中迭代函数的输入方法是：

Test::fun

C# 中迭代函数的输入方法是：

Test.fun

比较 C++ 与 C# 的计算结果，两者是完全相同的。

3.2　二分迭代法

简单迭代法求解函数的零点，需要构造迭代函数 $x = g(x)$，需要判断迭代式是否收敛，而二分迭代法优势在于不需要构造迭代式，二分迭代法的难点在于首先确定非线性方程根的大概位置，划定一个初始区间。

3.2.1　算法程序

二分迭代法需要两个初始值 a 与 b，代入求解方程分别负值和正值，即 $f(a) < 0$ 和 $f(b) > 0$ 两个自变量构成求解零点的初始区间，取负函数值处和正函数值处中点 $\dfrac{a+b}{2}$，开始迭代计算中点处的函数值 $f\left(\dfrac{a+b}{2}\right)$，如果此处函数值不是零点，必然与负函数值 $f(a)$ 或者正函数值 $f(b)$ 相同，根据此函数值与另外两个函数值中符号相反的一个构造新的迭代，如果 $f\left(\dfrac{a+b}{2}\right) > 0$ 则构造出新的迭代初始值 a 与 $\dfrac{a+b}{2}$，反之，则构造出新的迭代初始值 $\dfrac{a+b}{2}$ 与 b，进行下一次迭代。由于新的迭代区间比上一次的迭代区间更小，只要待求解方程在给定区间连续并且有零点就可以。迭代过程必然是收敛的，迭代的终止条件一般是相邻两次迭代值之间的偏差或者迭代值绝对值以及最大迭代次数。

1. C++ 实现

无论在 C++ 语言还是其他计算机语言当中，方法自变量与方法返回值都可以自定义，比如自变量的迭代差值既可以在方法内部给定，也可以通过人工指定输入，还可以两种方法通过重载形式同时存在。二分迭代法方法的返回值可以是一个，也可以是多个，由于返回值不需要参与其他向量计算，故在此处并不采用返回 RVector 向量，而仅仅采用返回数组的形式，分别存储最终零点、函数值以及迭代次数。C++ 中返回的数组必须是动态数组，可以采用成员函数内部定义数组，函数返回指针的形式实现，但是本书中不打算采用指针返回数组，就如同前文建立 RVector 类和 RMatrix 类中的存储数组数据一样，采用返回 vector 的形式实现返回动态数组，避免了使用指针，而且这种方式编写的 C++ 程序与 C# 程序在形式上完全相同。以三维数组为例，C++ 中的定义方式为 vector<double> result(3)。

在 C++ 头文件 SolutionofNonlinearEquation.h 中添加：

```
#include <vector>
using namespace std;
```

以调用 vector 类库。在头文件中添加二分迭代法的定义：

```
static vector<double> BisectionIteration(Function f, double a,
double b, double tol);
```

二分迭代法具体程序如下：

```
vector<double>
 SolutionofNonlinearEquation::BisectionIteration(Function f,
double a, double b, double tol)
{
    vector<double> result(3);
    double ina=a;
    double inb=b;
    double inc=0;
    double er=1;
    int it=0;
    while (er > tol)
    {
```

```
        it=it+1;
        inc=(ina+inb)/2;
        if (f(ina)*f(inb) < 0)
        {
            if (f(inc) == 0)
            {
                ina=inc;
                inb=inc;
            }
            else if (f(inb)*f(inc) > 0)
            {
                inb=inc;
            }
            else
            {
                ina=inc;
            }
        }
        er=inb-ina;
    }
    result[0]=inc;
    result[1]=f(inc);
    result[2]=it;
    return result;
}
```

2. C# 实现

C# 中实现二分迭代法与 C++ 程序主体完全相同，不同的是 C# 可以用 double[ ] 定义返回数组。同样在声明数组方面也不同，以定义三维数组为例，C# 的定义方式为 double[ ] result=new double[3]。二分迭代法的程序如下：

```
public static double[] BisectionIteration(Function f, double a,
double b, double tol)
{
    double[] result=new double[3];
    double ina=a;
    double inb=b;
```

```
double inc=0;
double er=1;
int it=0;
while (er > tol)
{
    it=it+1;
    inc=(ina+inb)/2;
    if (f(ina)*f(inb) < 0)
    {
        if (f(inc) == 0)
        {
            ina=inc;
            inb=inc;
        }
        else if (f(inb)*f(inc) > 0)
        {
            inb=inc;
        }
        else
        {
            ina=inc;
        }
    }
    er=inb-ina;
}
result[0]=inc;
result[1]=f(inc);
result[2]=it;
return result;
}
```

3.2.2　算例介绍

求函数 $f(x) = x - \cos(x)$ 在 $[-1,1]$ 之间的零点，由于 $f(-1) < 0$ 且 $f(1) > 0$，则该函数在 $[-1,1]$ 之间必然存在零点。

1. C++ 实现

为了使用数学函数 $\cos(x)$，必须添加头文件：

```
#include <cmath>
```

将 Test 类中静态方法 fun 的内容改为 $x - \cos(x)$：

```
double Test::fun(double x)
{
    return x-cos(x);
}
```

同时在 Main 静态方法中调用上述 fun 方法，具体主程序如下：

```
#include <iostream>
#include "SolutionofNonlinearEquation.h"
#include <iomanip>
#include "Test.h"
using namespace std;
int main()
{
    double a=-1;
    double b=1;
    double tol=1E-6;
    vector<double> r;
     r=SolutionofNonlinearEquation::BisectionIteration(Test::fun,
a, b, tol);
    cout << "x is" << setprecision(15) << r[0] << endl;
    cout << "f(x) is" << setprecision(15) << r[1] << endl;
    cout << "iteration is" << setprecision(15) << r[2] << endl;
}
```

计算结果如图 3-3 所示。

2. C# 实现

将 Test 类中静态方法 fun 的内容改为 $x - \cos(x)$：

```
public static double fun(double x)
{
    return x-Math.Cos(x);
}
```

同时在 Main 静态方法中调用上述 fun 方法，具体主程序如下：

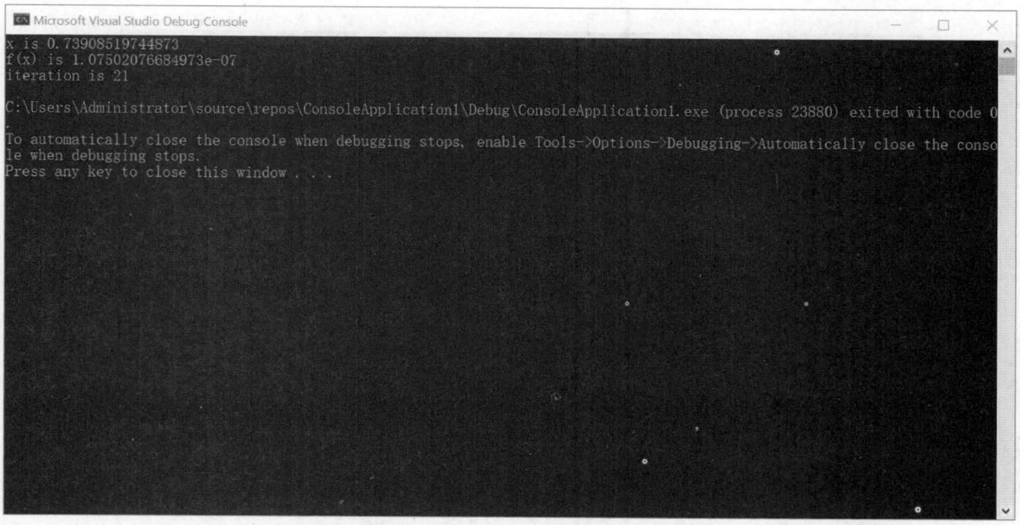

图 3-3 在 C++ main 函数中调用二分迭代函数法求解非线性方程结果示意图

```
using System;
namespace ConsoleApp1
{
    class Program
    {
        static void Main(string[] args)
        {
            double a=-1;
            double b=1;
            double tol=1E-6;
            double[] r;
                r=SolutionofNonlinearEquation.BisectionIteration
(Test.fun, a, b, tol);
            Console.WriteLine("x is {0}", r[0]);
            Console.WriteLine("f(x) is {0}", r[1]);
            Console.WriteLine("iteration is {0}", r[2]);
            Console.ReadKey();
        }
    }
}
```

计算结果如图 3-4 所示。

很显然，C++ 与 C# 两种语言得到的结果是相同的。

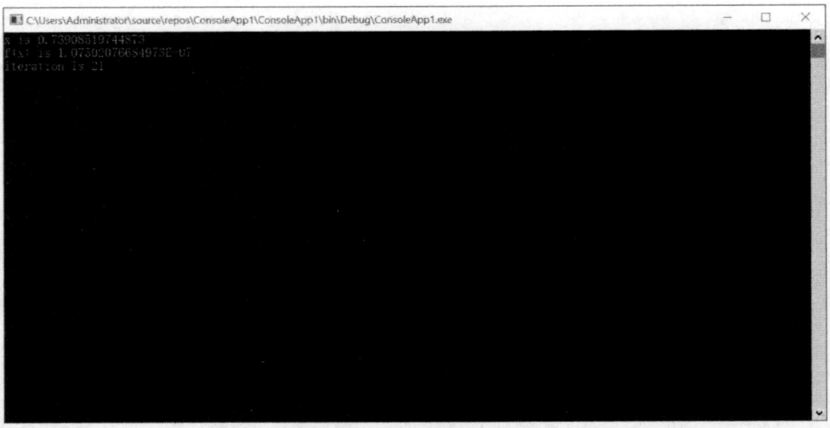

图 3-4　在 C# main 函数中调用二分迭代函数法求解非线性方程结果示意图

3.3　牛顿迭代法

牛顿迭代法是一种经典的迭代计算方法，具有较快的收敛速度。牛顿迭代法要求 $f(x)$ 在区间 [a, b] 内二阶可导且 $f(a)f(b) < 0$，即方程有根，$f''(x)$ 在区间内不改变符号，而且初值 x_0 的选择必须满足 $f''(x_0)f(x_0) > 0$ 条件。

3.3.1　算法程序

牛顿迭代法的算法来源于非线性方程 $f(x)=0$ 的在 x_0 点泰勒级数展开，并取一阶近似可得：

$$f(x)=f(x_0)+f'(x_0)(x - x_0)$$

如果 x_1 更接近方程的零点，则：

$$f(x_1)=f(x_0)+f'(x_0)(x_1 - x_0) \approx 0$$

可得迭代式：

$$x_1 = x_0 - \frac{f(x_0)}{f'(x_0)}=g(x)$$

根据不动点定理，可知牛顿迭代法可以收敛。

以 C++ 实现算法为例，牛顿迭代法的程序如下：

```
vector<double>
  SolutionofNonlinearEquation::NewtonRaphsonIterarion(Function f,
double x, double tol)
```

```
{
    vector<double> result(3);
    double x0=x;
    double dx=1E-15;
    double dfx0;
    double d;
    double x1;
    int it=0;
    dfx0=(f(x0+dx)-f(x0-dx))/dx/2;
    d=f(x0)/dfx0;
    while (abs(d) > tol)
    {
        x1=x0-d;
        it=it+1;
        x0=x1;
        d=f(x0)/dfx0;
    }
    result[0]=x0;
    result[1]=f(x0);
    result[2]=it;
    return result;
}
```

该程序中没有采用中心差分近似计算 $f(x)$ 的导数 $f'(x) \approx \dfrac{f(x+\Delta x)-f(x-\Delta x)}{2\Delta x}$，而且采用 while 语句没有采用 for 语句完成循环迭代。成员函数输出函数零点位置、函数近似值以及迭代次数。

3.3.2 算例介绍

以 $f(x)=x^3-3x-2$ 为例，初值选取为 $x_0=2.1$，满足 $f(x_0)f''(x_0)>0$ 条件。

将 Test.h 和 Test.cpp 文件中的 Fun 成员函数改为：

```
#include "Test.h"
#include <cmath>
double Test::Fun(double x)
{
    return pow(x,3)-3*x-2;
```

```
}
```

在主程序 main 函数下调用上述牛顿迭代法函数：

```cpp
#include <iostream>
#include "SolutionofNonlinearEquation.h"
#include "Test.h"
#include <cmath>
#include <vector>
using namespace std;
int main()
{
    double x0=-1;
    double tol=1E-6;
    vector<double> r;
    r=SolutionofNonlinearEquation::NewtonRaphsonIterarion(Test::Fun,
        x0, tol);
    cout << "x is" << r[0] << endl;
    cout << "f(x) is" << r[1] << endl;
    cout << "iteration is" << r[2] << endl;
}
```

计算结果如图 3-5 所示。

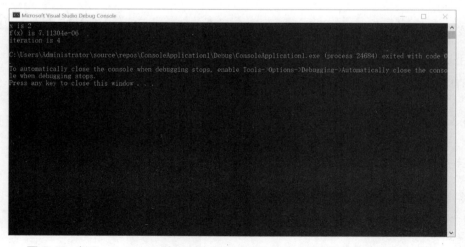

图 3-5　在 C++ main 函数中调用牛顿迭代函数法求解非线性方程结果示意图

从结果上看，最后计算 $f(x)$ 的数值 $f(2) \neq 0$。单步调试程序可以发现，迭代到最后一次 x 并不等于 2，与真实的根 2 之间存在 10^{-7} 的绝对误差。

4 线性方程组求解

线性方程组求解是数值方法的基础，常用的数值优化、曲线拟合、偏微分方程求解等问题的具体算法中都需要求解线性方程组。对于更为复杂的计算流体力学（Computer Fluid Dynamics）、计算传热学等问题，CFD 模拟软件 ANSYS，无论采用有限体积法还是有限元法，都要通过求解大量的线性方程组完成计算。求解线性方程组一般是 n 个变量 n 个方程，系数矩阵的行列式不等于 0 时，线性方程组具有唯一解。当方程数少于变量数时，存在无穷多组解，而当方程数多于变量个数时，无解。而采用什么方法求解线性方程组，要根据具体问题而定。一般变量个数很大时，采用迭代法居多。本章主要介绍线性方程组的经典直接解法与经典迭代解法，对于现代解法比如共轭梯度法以及广义最小残差法暂时不做介绍。

4.1 回代法

回代法就是最简单的迭代法，线性方程组的回代法针对线性方程组系数矩阵为上三角矩阵或者下三角矩阵时，且要求矩阵对角线上的元素不为 0 的方程求解，即 $a_{ii} \neq 0$。

4.1.1 算法程序

以求解系数矩阵为上三角矩阵的线性方程组 $AX = B$ 为例，回代过程从最后一行开始，首先求解最后一个方程，得到 x_n 的值，然后回代到倒数第二行得到 x_{n-1} 的值，不断循环，一直到最后获得 x_1 的值。对于 n 个元素的数组 x，C++ 与 C# 等大多数计算机语言都是用 $x[0]$ 表示第一个，$x[n-1]$ 表示最后一个，这是与自然语言之间的差异。

1. C++ 实现

求解方程组需要应用到矩阵和向量，故需要调用 RVector 与 RMatrix 两个类。在 C++ 文件工程中建立一个类，名称为 SolutionofLinearEquations。在 SolutionofLinearEquations.h 添加以下两个头文件，并建立回代法公有静态成员函数，成员函数的定义如下：

```
#include "RVector.h"
#include "RMatrix.h"
class SolutionofLinearEquations
```

```
{
public:
    static RVector BackSubstitution(RMatrix A, RVector B);
};
```

在 SolutionofLinearEquations.cpp 文件中添加回代法成员函数的具体内容：

```
RVector  SolutionofLinearEquations::BackSubstitution(RMatrix  A,
RVector B)
{
    int n=B.GetLength();
    RVector X=RVector::ZerosVector(n);
    double temp=0;
    X[n-1]=B[n-1]/A[n-1][n-1];
    for (int i=n-2; i >= 0; i--)
    {
        temp=0;
        for (int j=i+1; j <= n-1; j++)
        {
            temp += A[i][j]*X[j];
        }
        X[i]=(B[i]-temp)/A[i][i];
    }
    return X;
}
```

在每一行的回代过程中，需要建立一个临时实数 temp，用于存放该行其他已知系数与方程根的积之和，通过 for 循环实现。回代法成员函数输入变量为矩阵 A 与向量 B，函数返回值为方程组的根。在函数内部，定义需要返回的向量，并初始化为 0 向量，用如下语句：

```
RVector X=RVector::ZerosVector(n);
```

2. C# 实现

C# 中使用矩阵和向量，同样需要调用 RMatrix 类和 RVector 类，只需要保证这两个类的文件与主程序都在相同的目录内。由于在编写这两个类的时候，也没有用 namespace 将这两个类封装起来，故不需要使用 using 关键字。

同样新建一个类 SolutionofLinearEquations，并在类中添加公有静态方法：

```
class SolutionofLinearEquations
{
    public static RVector BackSubstitution(RMatrix A, RVector B)
    {
        int n=B.GetLength;
        RVector X;
        X=RVector.ZerosVector(n);
        double temp=0;
        X[n-1]=B[n-1]/A[n-1, n-1];
        for (int i=n-2; i >= 0; i--)
        {
            temp=0;
            for (int j=i+1; j <= n-1; j++)
            {
                temp += A[i, j]*X[j];
            }
            X[i]=(B[i]-temp)/A[i, i];
        }
        return X;
    }
}
```

可以发现除了前文所述 C++ 与 C# 在语言上的微小差异，程序整体上是完全相同的。

4.1.2 算例介绍

求解以下线性方程组：

$$\begin{cases} 4x_1 - x_2 + 2x_3 + 3x_4 = 20 \\ -2x_2 + 7x_3 - 4x_4 = -7 \\ 6x_3 + 5x_4 = 4 \\ 3x_4 = 6 \end{cases}$$

1. C++ 实现

将线性方程组的左边系数矩阵通过 vector<vector<double>> 输入到矩阵类中完成对象初始化，右边的常数项通过 vector<double> 输入到向量类中完成对象初始化，然后调用回代法的成员函数，最后将线性方程组方程的根输出到控制台，具体程序如下：

```cpp
#include <iostream>
#include "SolutionofLinearEquations.h"
#include <vector>
using namespace std;
int main()
{
    vector<vector<double>> a={{4,-1,2,3}, {0,-2,7,-4},{0,0,6,5},{0,0,0,3}};
    vector<double> b= {20,-7,4,6};
    RMatrix A(a);
    RVector B(b);
    RVector X=SolutionofLinearEquations::BackSubstitution(A, B);
    RVector::ShowVector(X);
}
```

计算结果如图 4-1 所示。

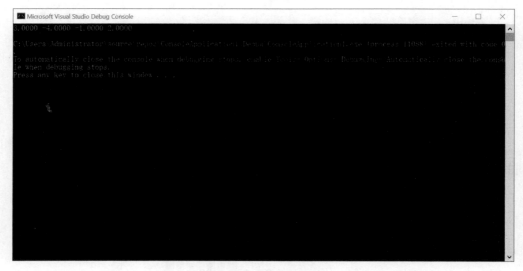

图 4-1　在 C++ 中调用回代法求解线性方程组结果示意图

2. C# 实现

C# 实现过程与 C++ 程序完全相同：

```csharp
using System;
namespace ConsoleApp1
{
    class Program
```

```
    {
        static void Main(string[] args)
        {
            double[,]a={{4,-1,2,3},{0,-2,7,-4},{0,0,6,5}, {0,0,0,3}};
            double[] b={20,-7,4,6};
            RMatrix A=new RMatrix(a);
            RVector B=new RVector(b);
            RVector X=SolutionofLinearEquations.BackSubstitution
(A, B);

            RVector.ShowVector(X);
            Console.ReadKey();
        }
    }
}
```

计算结果如图 4-2 所示。

图 4-2　在 C# 中调用回代法求解线性方程组结果示意图

4.2　追赶法

　　追赶法实际上是一种特殊的三角分解法，追赶法针对线性方程组的系数矩阵为三对角矩阵的情况，过程还是分解为上三角矩阵和下三角矩阵，上下三角矩阵均最多只有一斜列向量，而上下三角矩阵都可以采用简单回代法求解。即线性方程组 $AX = B$，

系数矩阵分解为 $A = LU$，将方程分解为两个较简单的方程，令 $UX = Y$ 与 $LY = B$，先求解 $LY = B$，再求解 $UX = Y$，得到原方程组的根。

4.2.1 算法程序

追赶法程序分为三部分：第一部分分解系数矩阵为 LU 矩阵；第二部分是求解 $LY = B$；第三部分是求解 $UX = Y$ 方程。本程序的 C# 语言实现是在 SolutionofLinearEquations 类中添加静态方法，输入变量为三对角矩阵的 3 个斜列向量与线性方程组的常数项，方法返回线性方程组的根向量。对于 C++ 程序，稍作修改即可。

```
public static RVector Thomas(RVector Up, RVector Dia, RVector Down, RVector B)
{
    if (Dia.GetLength != Up.GetLength+1 || Dia.GetLength != Down.GetLength+1 || Dia.GetLength != B.GetLength)
    {
        throw new Exception("Error!");
    }
    int n=B.GetLength;
    RVector Lvector=new RVector(n-1);
    RVector Uvector=new RVector(n);
    Uvector[0]=Dia[0];
    for (int i=0; i < n-1; i++)
    {
        Lvector[i]=Down[i]/Uvector[i];
        Uvector[i+1]=Dia[i+1]-Lvector[i]*Up[i];
    }
    RVector Y=new RVector(n);
    Y[0]=B[0];
    for (int i=0; i < n-1; i++)
    {
        Y[i+1]=B[i+1]-Lvector[i]*Y[i];
    }
    RVector X=new RVector(n);
    X[n-1]=Y[n-1]/Uvector[n-1];
    for (int i=n-2; i >= 0; i--)
    {
```

```
        X[i]=(Y[i]-Up[i]*X[i+1])/Uvector[i];
    }
    return X;
}
```

4.2.2 算例介绍

用追赶法求下述线性方程组:

$$A = \begin{bmatrix} 1 & 2 & & \\ 2 & 1 & 3 & \\ & 1 & 2 & 0.5 \\ & & 3 & 1 \end{bmatrix}, B = \begin{bmatrix} 2 \\ -1 \\ 1 \\ 3 \end{bmatrix}$$

C# 采用追赶法求解线性方程组, 分别代入矩阵的 3 个对角列向量与常数项向量, 然后调用该静态方法求解。

```
using System;
namespace ConsoleApp1
{
    class Program
    {
        static void Main(string[] args)
        {
            double[] up={2, 3, 0.5};
            double[] dia={1, 1, 2, 1};
            double[] down={2, 1, 3};
            double[] b={2, -1, 1, 3};
            RVector Up=new RVector(up);
            RVector Dia=new RVector(dia);
            RVector Down=new RVector(down);
            RVector B=new RVector(b);
            RVector X=SolutionofLinearEquations.Thomas(Up, Dia,
Down, B);
            Console.WriteLine("the up vector is");
            RVector.ShowVector(Up);
            Console.WriteLine("the dialog vector is");
            RVector.ShowVector(Dia);
            Console.WriteLine("the down vector is");
```

```
        RVector.ShowVector(Down);
        Console.WriteLine("the constant vector is");
        RVector.ShowVector(B);
        Console.WriteLine("the solution vector is");
        RVector.ShowVector(X);
        Console.ReadKey();
      }
    }
}
```

计算结果如图 4-3 所示。

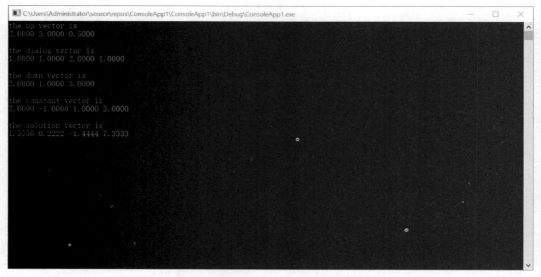

图 4-3　在 C# 中调用追赶法求解线性方程组结果示意图

4.3　高斯消元法

　　高斯消元法是求解线性方程组的常见解法，其求解思路是通过矩阵的行变换，将系数矩阵转换为上三对角矩阵，然后采用回代法求解。高斯消元法要求系数矩阵 $a_{ii} \neq 0$。在消元过程中，每一列比 i 大的行都要除以 a_{ii}，为了避免除特别小的数，需要选主元，选出该列剩余行中最大的一行，与第 i 行交换，称为列主元高斯消元法。高斯消元法程序分为三部分，第一部分用于选主元；第二部分消元将系数矩阵变换成为上三角矩阵；第三部分为回代法计算。

4.3.1 算法程序

这里采用 C++ 语言实现高斯消元法，分别在 C++ 工程中 SolutionofLinearEquations 类的 .h 文件和 .cpp 文件中添加以下程序

```cpp
RVector SolutionofLinearEquations::Gauss(RMatrix A, RVector B)
{
    int n=B.GetLength();
    double temp;
    int pmax=0;
    RMatrix Augmat;
    Augmat=RMatrix::CatCols(A, B);
    for (int i=0; i < n; i++)
    {
        temp=0;
        for (int j=i; j < n; j++)
        {
            if (abs(A[j][i]) > temp)
            {
                temp=abs(A[j][i]);
                pmax=j;
            }
        }
        Augmat=RMatrix::SwapRow(Augmat, i, pmax);
        RVector tvector(n);
        for (int j=i+1; j < n; j++)
        {
                tvector =RMatrix::GetRowVector(Augmat, j)-RMatrix
::GetRowVector(Augmat, i)*Augmat[j][i]/Augmat[i][i];
                Augmat=RMatrix::ReplaceRow(Augmat, j, tvector);
        }
    }
    RMatrix aout(n);
    RVector bout(n);
    for (int i=0; i < n; i++)
    {
        for (int j=0; j < n; j++)
        {
```

```
        aout[i][j]=Augmat[i][j];
      }
    }
    for (int i=0; i < n; i++)
    {
        bout[i]=Augmat[i][n];
}
RVector X=BackSubstitution(aout, bout);
    return X;
}
```

程序中静态成员函数 CatCols 用于将系数矩阵与常数向量合并为增广矩阵，实数 temp 用于寻找每列剩余行数绝对值最大值，交换获得 a_{ii}，tvector 存放第 i 行的倍数，与剩余行相加，进行行变换，消去该列其他行，构造上三角矩阵。aout 与 bout 分别存储变换后矩阵和列向量。

4.3.2　算例介绍

求解以下线性方程组：

$$\begin{cases} -3x_1+2x_2+6x_3=4 \\ 10x_1-7x_3+0x_3=7 \\ 5x_1-x_2+5x_3=6 \end{cases}$$

C++ 主程序输入系数矩阵，输入常向量，调用高斯消元法成员函数，显示输出矩阵。

```
#include <iostream>
#include "SolutionofLinearEquations.h"
#include <vector>
using namespace std;
int main()
{
    vector<vector<double>> a={{-3,2,6}, {10,-7,0},{5,-1,5}};
    vector<double> b={4,7,6};
    RMatrix A(a);
    cout << "A=" << endl;
    RMatrix::ShowMatrix(A);
    RVector B(b);
```

```
    cout << "B=" << endl;
    RVector::ShowVector(B);
    RVector X=SolutionofLinearEquations::Gauss(A, B);
    cout << "X=" << endl;
    RVector::ShowVector(X);
}
```

计算结果如图 4-4 所示。

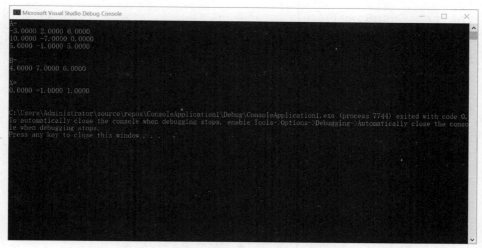

图 4-4　在 C++ 中调用高斯消元法求解线性方程组结果示意图

4.4　三角分解法

三角分解法也叫 LU 分解，LU 分解不仅可以用来求解线性方程组，还可以用来求逆矩阵以及求矩阵的行列式。LU 分解要求系数矩阵的顺序主子式都不为 0。LU 分解本质上是一种高斯消元法，但是不对常数向量做变化，而且计算速度比高斯消元法稍快一点，求解过程称之为杜尔里特算法。

4.4.1　算法程序

由于采用三角分解法求解线性方程组整体需要两步：第一步对系数矩阵做分解，正如前文所述，对于线性方程组 $AX = B$，系数矩阵分解为 $A = LU$，其中 L 是单位下三角矩阵，分解的结果可以存储在 1 个矩阵中；第二步求解线性方程组，首先求解线性方程组 $LY = B$，然后再求解线性方程组 $UX = Y$。本例中 C++ 程序仅展示三角分解算法，而利用分解后的 LU 矩阵求解线性方程组的程序采用 C# 语言的展示。

1. C++ 实现

分别在 SolutionofLinearEquations 类的 .h 文件添加静态成员函数的定义：

```
static RMatrix LUFactorization(RMatrix m);
```

在 .cpp 文件中添加函数的内容：

```cpp
RMatrix SolutionofLinearEquations::LUFactorization(RMatrix m)
{
    int n=m.GetnRows();
    double temp;
    for (int i=0; i < n; i++)
    {
        for (int j=0; j < n; j++)
        {
            temp=0;
            if (j >= i)
            {
                for (int k=0; k < i; k++)
                {
                    temp += m[i][k]*m[k][j];
                }
                m[i][j]=m[i][j]-temp;
            }
            else
            {
                for (int k=0; k < j; k++)
                {
                    temp += m[i][k]*m[k][j];
                }
                m[i][j]=(m[i][j]-temp)/m[j][j];
            }

        }
    }
    return m;
}
```

2. C# 实现

在 C# 中采用 LU 分解求解线性方程组，首先将 LU 分解算法得到的矩阵拆分开，分出 **L** 矩阵与 **U** 矩阵，然后采用回代法依次求解两个对角矩阵 $LY = B$ 与 $UX = Y$。同样的在 SolutionofLinearEquations.cs 文件中添加如下静态方法：

```csharp
public static RVector LUFactorization(RMatrix A, RVector B)
{
    int n=A.GetnRows;
    RMatrix r=LUFactorization(A);
    RMatrix U=RMatrix.TriU(r);
    RMatrix L=RMatrix.TriL(r);
    for (int i=0; i < n; i++)
    {
        L[i, i]=1;
    }
    RVector Y=new RVector(n);
    double temp;
    Y[0]=B[0];
    for (int i=1; i < n; i++)
    {
        temp=0;
        for (int j=0; j < i; j++)
        {
            temp += L[i, j]*Y[j];
        }
        Y[i]=B[i]-temp;
    }
    RVector X=new RVector(n);
    X[n-1]=Y[n-1]/U[n-1, n-1];
    for (int i=n-2; i >= 0; i--)
    {
        temp=0;
        for (int j=i+1; j < n; j++)
        {
            temp += U[i, j]*X[j];
        }
        X[i]=(Y[i]-temp)/U[i, i];
```

```
    }
    return X;
}
```

4.4.2 算例介绍

求解以下线性方程组：

$$\begin{bmatrix} 4 & 2 & 1 & 5 \\ 8 & 7 & 2 & 10 \\ 4 & 8 & 3 & 6 \\ 12 & 6 & 11 & 20 \end{bmatrix} \begin{bmatrix} x_1 \\ x_2 \\ x_3 \\ x_4 \end{bmatrix} = \begin{bmatrix} -2 \\ -7 \\ -7 \\ -3 \end{bmatrix}$$

1. C++ 实现

在 C++ 主程序中调用 LU 三角分解静态成员函数如下：

```cpp
#include <iostream>
#include "SolutionofLinearEquations.h"
#include <vector>
using namespace std;
int main()
{
    vector<vector<double>> a={{4,2,1,5},{8,7,2,10},{4,8,3,6},{12,6,11,20}};
    RMatrix A(a);
    cout << "A=" << endl;
    RMatrix::ShowMatrix(A);
    RMatrix R=SolutionofLinearEquations::LUFactorization(A);
    cout << "R=" << endl;
    RMatrix::ShowMatrix(R);
}
```

计算结果如图 4-5 所示，*R* 矩阵的对角线以下的三角矩阵是 *L* 矩阵，对角线及其以上的三角矩阵是 *U* 矩阵。

2. C# 实现

在 C# 中调用 LU 三角分解的主程序如下：

```csharp
using System;
namespace ConsoleApp1
{
```

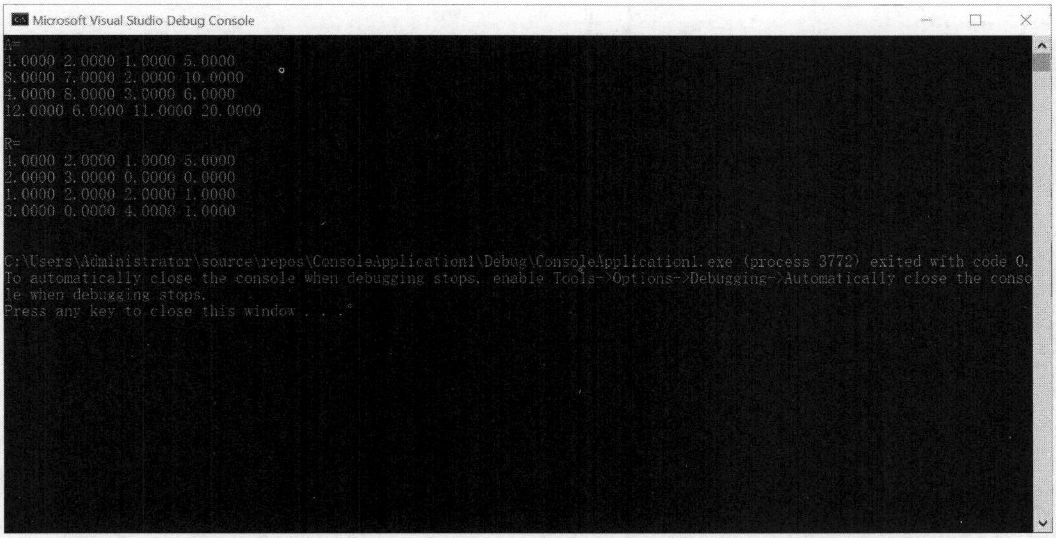

图 4-5 在 C++ 主程序中调用 LU 三角分解静态成员函数法求解线性方程组计算结果示意图

```
class Program
{
    static void Main(string[] args)
    {
        double[,] a={{4, 2, 1, 5}, {8, 7, 2, 10}, {4, 8, 3, 6}, {12,
6, 11, 20}};
        double[] b={-2, -7, -7, -3};
        RMatrix A=new RMatrix(a);
        RVector B=new RVector(b);
        Console.WriteLine("A=");
        RMatrix.ShowMatrix(A);
        Console.WriteLine("B=");
        RVector.ShowVector(B);
        RVector X=SolutionofLinearEquations.LUFactorization(A,B);
        Console.WriteLine("X=");
        RVector.ShowVector(X);
        Console.ReadKey();
    }
}
```

计算结果如图 4-6 所示。

图 4-6　在 C++ 主程序中调用 LU 三角分解静态成员函数法求解线性方程组计算结果示意图

4.5　雅可比迭代法

雅可比迭代是一种较为简单的迭代法。如果线性方程组的系数矩阵严格对角占优，则雅可比迭代与高斯 – 赛德尔迭代均收敛。迭代法求解通过 for 循环或者 while 循环不断更新。雅可比迭代用 2 个向量分别存储上次迭代结果和本轮迭代结果，循环终止条件一般为给定最大迭代次数，或者相邻两次迭代结果的绝对差值满足一定条件。

4.5.1　算法程序

本例程序采用 C# 语言实现，在 SolutionofLinearEquations.cs 里添加以下静态方法，通过 do–while 循环控制迭代，外部 for 循环控制每次所有方程迭代，内部 for 循环用于计算非对角线系数与根乘积的和。

```
public static RVector Jacobi(RMatrix A, RVector B, RVector X0)
{
    int n=B.GetLength;
    int it=0;
    double maxit=100;
    double er;
    double tol=1E-6;
```

```
RVector Xn=new RVector(n);
RVector Xn1=new RVector(n);
double sum;
do
{
    for (int i=0; i < n; i++)
    {
        sum=0;
        for (int j=0; j < n; j++)
        {
            if (j != i)
            {
                sum += A[i, j]*Xn[j];
            }
        }
        Xn1[i]=(B[i]-sum)/A[i, i];
    }
    it += 1;
    er=RVector.Norm(Xn1-Xn);
    Xn=Xn1.Clone();
    if (it > maxit)
    {
        break;
    }
} while (er > tol);
 return Xn;
}
```

在循环迭代过程中，相邻两次迭代向量之间的赋值，需要采用 Clone 方法复制向量数据，而不是直接 "="。如果用 "=" 表示两个向量相等，"=" 两边代表相同的对象，同时发生变化，不能实现数据交替变化。

4.5.2　算例介绍

求解以下线性方程组：

$$\begin{bmatrix} 8 & -3 & 2 \\ 4 & 11 & -1 \\ 6 & 3 & 12 \end{bmatrix} \begin{bmatrix} x_1 \\ x_2 \\ x_3 \end{bmatrix} = \begin{bmatrix} 20 \\ 33 \\ 36 \end{bmatrix}$$

该线性方程组系数矩阵满足对角绝对占优，因此可以采用雅可比迭代法求解。在如下 C# 程序中调用雅可比方法求解。

```
using System;
namespace ConsoleApp1
{
    class Program
    {
        static void Main(string[] args)
        {
            double[,] a={{8, -3, 2}, {4, 11, -1}, {6, 3, 12}};
            double[] b={20, 33, 36};
            RMatrix A=new RMatrix(a);
            RVector B=new RVector(b);
            int n=B.GetLength;
            RVector X0=RVector.ZerosVector(n);
            Console.WriteLine("A=");
            RMatrix.ShowMatrix(A);
            Console.WriteLine("B=");
            RVector.ShowVector(B);
            RVector X=SolutionofLinearEquations.Jacobi(A, B, X0);
            Console.WriteLine("X=");
            RVector.ShowVector(X);
            Console.ReadKey();
        }
    }
}
```

计算结果如图 4-7 所示。

图 4-7 在 C# 主程序中调用雅可比迭代法求解线性方程组计算结果示意图

4.6 高斯−赛德尔迭代法

高斯−赛德尔迭代法与雅可比迭代法的区别在于每轮迭代过程中，由于部分数据已经更新，故可以采用更新过的数据代入线性方程组，从而加快了方程组根的收敛速度。

4.6.1 算法程序

高斯−赛德尔迭代法采用 C++ 语言实现。分别在 SolutionofLinearEquations 类的 .h 与 .cpp 文件中添加高斯−赛德尔迭代法的成员函数定义与内容如下：

```
static RVector GaussSeidel(RMatrix A, RVector B, RVector X0);
RVector SolutionofLinearEquations::GaussSeidel(RMatrix A, RVector B, RVector X0)
{
    int n=B.GetLength();
    int it=0;
    double maxit=100;
    double er=0;
    double tol=1E-6;
    RVector Xn(n);
    RVector Xn1(n);
    double sum;
    do
    {
```

```
        for (int i=0; i < n; i++)
        {
            sum=0;
            for (int j=0; j < n; j++)
            {
                if (j < i)
                {
                    sum += A[i][j]*Xn1[j];
                }
                else if (j > i)
                {
                    sum += A[i][j]*Xn[j];
                }
            }
            Xn1[i]=(B[i]-sum)/A[i][i];
        }
        it += 1;
        er=RVector::Norm(Xn1-Xn);
        Xn=Xn1;
        if (it > maxit)
        {
            break;
        }
    } while (er > tol);
    return Xn;
}
```

与雅可比迭代法的 C# 程序相比较，高斯 – 赛德尔迭代法的 C++ 程序的主要区别在于内层循环，对已经迭代计算过的变量代入更新后的数据 X_{n1}。其他差异就是计算机语言上的差异，C++ 可以在对象之间直接赋值，深层拷贝。而浅层拷贝仅代表对象之间的引用关系。

4.6.2 算例介绍

求解与上例相同的线性方程组：

$$\begin{bmatrix} 8 & -3 & 2 \\ 4 & 11 & -1 \\ 6 & 3 & 12 \end{bmatrix}\begin{bmatrix} x_1 \\ x_2 \\ x_3 \end{bmatrix} = \begin{bmatrix} 20 \\ 33 \\ 36 \end{bmatrix}$$

该线性方程组系数矩阵满足对角绝对占优，当然可以采用高斯 – 赛德尔迭代法求解。在如下 C++ 程序中调用高斯 – 赛德尔成员函数求解。

```cpp
#include <iostream>
#include "SolutionofLinearEquations.h"
#include <vector>
using namespace std;
int main()
{
    vector<vector<double>> a={{8, -3, 2}, {4, 11, -1}, {6, 3, 12}};
    vector<double> b={20, 33, 36};
    RMatrix A(a);
    RVector B(b);
    int n=B.GetLength();
    RVector X0=RVector::ZerosVector(n);
    cout << "A=" << endl;
    RMatrix::ShowMatrix(A);
    cout << "B=" << endl;
    RVector::ShowVector(B);
    RVector X=SolutionofLinearEquations::GaussSeidel(A, B, X0);
    cout << "X=" << endl;
    RVector::ShowVector(X);
}
```

计算结果如图 4-8 所示。

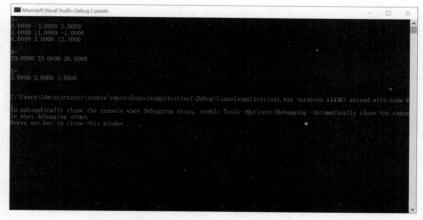

图 4-8　在 C++ 主程序中调用高斯 – 赛德尔迭代法求解线性方程组计算结果示意图

4.7 超松弛迭代法

超松弛迭代法（SOR）是在高斯－赛德尔迭代的基础上进行改进的算法。该算法通过将方程根的当前计算值与高斯迭代法的更新值之间取加权平均而来，加权系数称为松弛因子，取值范围为 0 到 2。当松弛因子等于 1 时，超松弛迭代法变为高斯－赛德尔迭代法。当松弛因子为 0 时，迭代结果不发生更新变化。

4.7.1 算法程序

超松弛迭代法与高斯迭代法较为相近，故继续采用 C++ 语言实现。

```
static RVector SOR(RMatrix A, RVector B, double omega, RVector
X0);
RVector SolutionofLinearEquations::SOR(RMatrix A, RVector B, dou-
ble omega, RVector X0)
  {
      int n=B.GetLength();
      int it=0;
      double maxit=100;
      double er=0;
      double tol=1E-6;
      RVector Xn(n);
      RVector Xn1(n);
      double sum;
      do
      {
          for (int i=0; i < n; i++)
          {
          sum=0;
          for (int j=0; j < n; j++)
          {
              if (j < i)
              {
                  sum += A[i][j]*Xn1[j];
              }
              else if (j > i)
              {
```

```
                    sum += A[i][j]*Xn[j];
                }
            }
            Xn1[i]=(1-omega)*Xn[i]+omega*(B[i]-sum)/A[i][i];
        }
        it += 1;
        er=RVector::Norm(Xn1-Xn);
        Xn=Xn1;
        if (it > maxit)
        {
            break;
        }
    } while (er > tol);
    return Xn;
}
```

超松弛迭代法与高斯 – 赛德尔迭代法仅一行代码不同。

4.7.2 算例介绍

求解与上例相同的线性方程组：

$$\begin{bmatrix} 8 & -3 & 2 \\ 4 & 11 & -1 \\ 6 & 3 & 12 \end{bmatrix} \begin{bmatrix} x_1 \\ x_2 \\ x_3 \end{bmatrix} = \begin{bmatrix} 20 \\ 33 \\ 36 \end{bmatrix}$$

在如下 C++ 程序中调用超松弛迭代法函数求解，松弛因子可以自定义，此处选为 1.5。

```
#include <iostream>
#include "SolutionofLinearEquations.h"
#include <vector>
using namespace std;
int main()
{
    vector<vector<double>> a={{8, -3, 2}, {4, 11, -1}, {6, 3, 12}};
    vector<double> b={20, 33, 36};
    RMatrix A(a);
    RVector B(b);
```

```
    double omega=1.5;
    int n=B.GetLength();
    RVector X0=RVector::ZerosVector(n);
    cout << "A=" << endl;
    RMatrix::ShowMatrix(A);
    cout << "B=" << endl;
    RVector::ShowVector(B);
    RVector X=SolutionofLinearEquations::SOR(A, B, omega, X0);
    cout << "X=" << endl;
    RVector::ShowVector(X);
}
```

计算结果如图 4-9 所示。

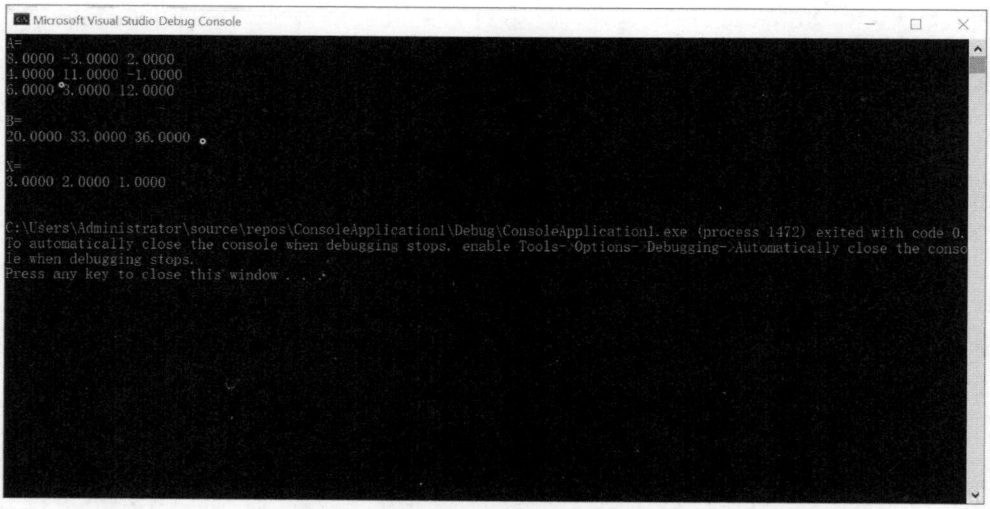

图 4-9　在 C++ 主程序中调用超松弛迭代法求解线性方程组计算结果示意图

5 插值

插值是根据已知数据点的函数值预测未知点函数值的计算方法。插值的预测方法有依赖已知点建立函数，通过函数代入计算未知点的函数值。插值可以是一维插值，也可以是二维插值或者多维插值。但是一般教材均只讲述一维插值，此处也只讲一维插值的情况。

5.1 拉格朗日插值

拉格朗日插值是对已知点拟合函数，要求拟合的函数通过已知点。如果有 n 个点，拟合结果为 $n-1$ 次多项式。拉格朗日插值要先拟合插值多项式，然后再计算未知点的函数值。对于 n 个点的拟合多项式，拉格朗日插值多项式由 n 项和构成，每项均表示为多项式分式，分子分母分别为函数值和自变量的 $n-1$ 项乘积，表示通过其中一个已知点。

5.1.1 算法程序

1. C++ 实现

在 C++ 工程中新建 Interpolation 类，在 Interpolation.h 文件中添加头文件：

```
#include "RVector.h"
```

在类中添加拉格朗日插值公有静态成员函数：

```
static double LagrangeInterpolation(RVector vx, RVector vy, double x0);
static RVector LagrangeInterpolation(RVector vx, RVector vy, RVector tx);
```

重载函数的区别在于，一个用于计算单个位置点的函数值，另一个计算未知向量的函数值。

在 Interpolation.cpp 文件中添加拉格朗日插值函数的内容：

```
double Interpolation::LagrangeInterpolation(RVector vx, RVector vy, double x0)
```

```cpp
{
    int n=vy.GetLength();
    double numerator;
    double denominator;
    double r=0;
    for (int i=0; i < n; i++)
    {
        numerator=1;
        denominator=1;
        for (int j=0; j < n; j++)
        {
            if (j != i)
            {
                numerator *= (x0-vx[j]);
                denominator *= (vx[i]-vx[j]);
            }
        }
        r += numerator/denominator*vy[i];
    }
    return r;
}
RVector Interpolation::LagrangeInterpolation(RVector vx, RVector
vy, RVector tx)
{
    int m=tx.GetLength();
    RVector r(m);
    for (int i=0; i < m; i++)
    {
        r[i]=LagrangeInterpolation(vx, vy, tx[i]);
    }
    return r;
}
```

2. C# 实现

在 C# 工程中同样添加 Interpolation 类，即在 Interpolation.cs 文件中添加实现拉格朗日插值的公有静态方法。通过重载插值函数，提高了程序的可读性。

```
public static double LagrangeInterpolation(RVector vx, RVector
vy, double x0)
{
    int n=vy.GetLength;
    double numerator;
    double denominator;
    double r=0;
    for (int i=0; i < n; i++)
    {
        numerator=1;
        denominator=1;
        for (int j=0; j < n; j++)
        {
            if (j != i)
            {
                numerator *= (x0-vx[j]);
                denominator *= (vx[i]-vx[j]);
            }
        }
        r += numerator/denominator*vy[i];
    }
    return r;
}
public static RVector LagrangeInterpolation(RVector vx, RVector
vy, RVector tx)
{
    int m=tx.GetLength;
    RVector r=new RVector(m);
    for (int i=0; i < m; i++)
    {
        r[i]=LagrangeInterpolation(vx, vy, tx[i]);
    }
    return r;
}
```

5.1.2 算例介绍

已知以下几个点 (4,10)、(5，5.25)、(6，1)，采用拉格朗日插值法求解自变量为 18

时的函数值，以及自变量分别为 3.5、4.5、5.5、6.5 时的函数值。

采用 C++ 求解第一个问题，调用拉格朗日插值函数的主程序如下：

```cpp
#include <iostream>
#include "Interpolation.h"
#include <iomanip>
int main()
{
    vector<double> x={4,5,6};
    vector<double> y={10,5.25,1};
    RVector X(x);
    RVector Y(y);
    double x0=18;
    cout << "x0=" << endl;
    cout << fixed << setprecision(4) << x0 << endl << endl;
    double y0;
    cout << "y0=" << endl;
    y0=Interpolation::LagrangeInterpolation(X, Y, x0);
    cout << fixed << setprecision(4) << y0 << endl << endl;
}
```

计算结果如图 5-1 所示。

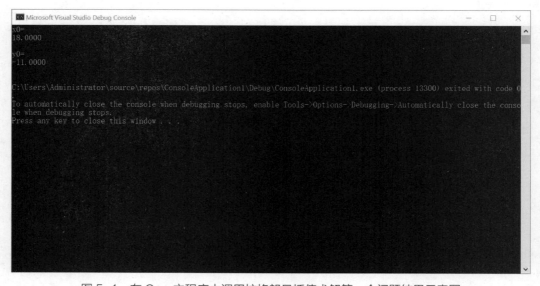

图 5-1　在 C++ 主程序中调用拉格朗日插值求解第一个问题结果示意图

采用 C# 求解第二个问题，调用拉格朗日插值方法的程序如下：

```
using System;
namespace ConsoleApp1
{
    class Program
    {
        static void Main(string[] args)
        {
            double[] x={4, 5, 6};
            double[] y={10, 5.25, 1};
            RVector X=new RVector(x);
            Console.WriteLine("X=");
            RVector.ShowVector(X);
            RVector Y=new RVector(y);
            Console.WriteLine("Y=");
            RVector.ShowVector(Y);
            double[] xt={3.5, 4.5, 5.5, 6.5};
            RVector Xt=new RVector(xt);
            Console.WriteLine("Xt=");
            RVector.ShowVector(Xt);
            RVector Yt=Interpolation.LagrangeInterpolation(X, Y, Xt);
            Console.WriteLine("Yt=");
            RVector.ShowVector(Yt);
            Console.ReadKey();
        }
    }
}
```

计算结果如图 5-2 所示。

图 5-2　在 C++ 主程序中调用拉格朗日插值求解第二个问题结果示意图

5.2　牛顿插值

　　牛顿插值法的拟合函数与拉格朗日插值法的拟合函数相同，对于 n 个插值点都是 $n-1$ 次多项式，只是表达形式不相同。牛顿插值多项式是由次数不同的 n 个多项式求和构成，而拉格朗日多项式是由 n 个齐次多项式构成。当已知点的个数增加时，牛顿多项式不需要重新计算多项式的前面项，只需要在后面补充新项，而拉格朗日多项式需要从头到尾重新计算多项式。建立牛顿插值多项式需要计算差商，构建差商表。在此采用 C++ 语言建立差商表，而采用牛顿插值法计算插值点函数值的程序用 C# 语言完成。

5.2.1　算法程序

1. C++ 实现

在 C++ 工程中新建 Interpolation 类，在 Interpolation.h 文件中添加头文件：

```
#include "RMatrix.h"
```

　　并在类中添加公有静态成员函数的定义如下：

```
static RMatrix NewtonInterpolation(RVector vx, RVector vy);
```

　　同时在 Interpolation.cpp 文件中添加牛顿插值成员函数的内容：

```
RMatrix Interpolation::NewtonInterpolation(RVector vx, RVector vy)
{
    int ndim=vx.GetLength();
    RMatrix m(ndim-1);
    for (int i=0; i < ndim-1; i++)
    {
        m[i][0]=(vy[i+1]-vy[i])/(vx[i+1]-vx[i]);
    }
    for (int j=1; j < ndim-1; j++)
    {
        for (int i=j; i < ndim-1; i++)
        {
            m[i][j]=(m[i][j-1]-m[i-1][j-1])/(vx[i+1]-vx[i-j]);
        }
    }
    return m;
}
```

2. C# 实现

C# 程序实现牛顿插值多项式，首先调用之前生成的牛顿差商表，然后逐项构建牛顿插值多项式。

```
public static double NewtonInterpolation(RVector vx, RVector vy,
double x0)
{
    RMatrix m=NewtonInterpolation(vx, vy);
    double r=vy[0];
    double temp;
    for (int j=0; j < m.GetnRows; j++)
    {
        temp=m[j, j];
        for (int i=0; i <= j; i++)
        {
            temp *= (x0-vx[i]);
        }
        r += temp;
    }
}
```

```
        return r;
}
public static RVector NewtonInterpolation(RVector vx, RVector vy,
RVector tx)
{
        RMatrix m=NewtonInterpolation(vx, vy);
        double temp;
        int txdim=tx.GetLength;
        RVector result=RVector.OnesVector(txdim)*vy[0];
        for (int k=0; k < txdim; k++)
        {
                for (int j=0; j < m.GetnRows; j++)
                {
                        temp=m[j, j];
                        for (int i=0; i <= j; i++)
                        {
                                temp *= (tx[k]-vx[i]);
                        }
                        result[k] += temp;
                }
        }
        return result;
}
```

C# 程序重载了牛顿插值法的计算方法，分别针对单个点和多个点做插值计算。多个点插值计算的程序中并没有调用单个点的插值程序，主要是由于牛顿差商表只需要计算一次，没有必要每次插值计算时都调用计算差商表。多个点的插值函数也可以计算单个点，只是需要将点转化为向量，略显麻烦，故保留此重载方法。

5.2.2   算例介绍

已知下列各点（4，2）、（5，2.3）、（6，2.5）、（7，2.6）、（8，2.8），采用牛顿插值法计算自变量取 4.5、5.5、6.5 与 7.5 时的函数值。建立差商表的部分采用 C++ 程序展示，求解未知点函数值的部分采用 C# 程序展示。

```
#include <iostream>
#include "Interpolation.h"
int main()
```

```
{
    vector<double> x={4,5,6,7,8};
    vector<double> y={2,2.3,2.5,2.6,2.8};
    RVector X(x);
    RVector Y(y);
    RMatrix N=Interpolation::NewtonInterpolation(X, Y);
    cout << "N=" << endl;
    RMatrix::ShowMatrix(N);
}
```

图 5-3 在 C++ 主程序中调用牛顿差值法建立差商表结果示意图

C# 程序中调用牛顿插值方法计算未知点的函数值，具体程序如下：

```
using System;
namespace ConsoleApp1
{
    class Program
    {
        static void Main(string[] args)
        {
            double[] x={4, 5, 6, 7, 8};
            double[] y={2, 2.3, 2.5, 2.6, 2.8};
            RVector X=new RVector(x);
```

```
         Console.WriteLine("X=");
         RVector.ShowVector(X);
         RVector Y=new RVector(y);
         Console.WriteLine("Y=");
         RVector.ShowVector(Y);
         double[] xt={4.5, 5.5, 6.5, 7.5};
         RVector Xt=new RVector(xt);
         Console.WriteLine("Xt=");
         RVector.ShowVector(Xt);
         RVector Yt=Interpolation.NewtonInterpolation(X, Y, Xt);
         Console.WriteLine("Yt=");
         RVector.ShowVector(Yt);
         Console.ReadKey();
      }
   }
}
```

计算结果如图 5-4 所示。

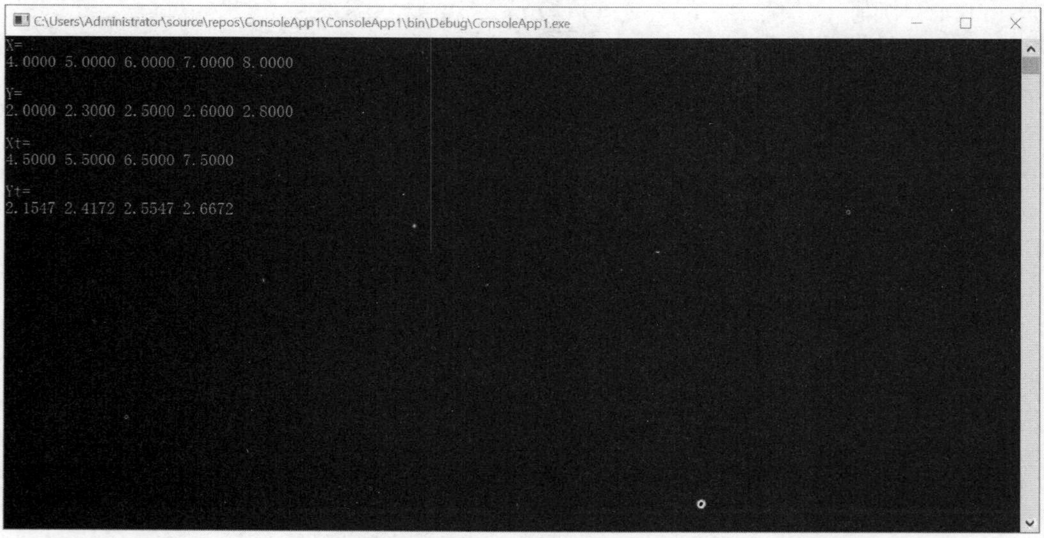

图 5-4　在 C# 程序中调用牛顿插值方法计算未知点的函数值结果示意图

5.3　分段线性插值

分段线性插值主要是由于龙格现象的存在，高次多项式插值会在非给定点区域剧烈变化，不满足人们对插值点估算值的期望。因此，直接采用多项式插值，一般次数不会高于 3 次，多采用较低次数的多项式插值。而低次数多项式不可能满足整个给定点的区域，进而自然而然地出现了分段插值，最简单的分段插值就是分段线性插值。

5.3.1　算法程序

分段线性插值是以线性插值为基础，采用 for 循环对数据点地区间依次插值。此处展示 C# 语言描述的分段线性插值函数。分段线性公有静态方法的程序分别如下：

```
public static RVector PiecewiseLinearInterpolation(RVector vx,
RVector vy, RVector tx)
{
    RVector ty=new RVector(tx.GetLength);
    int n=vx.GetLength;
    for (int k=0; k < ty.GetLength; k++)
    {
        for (int i=0; i < n-1; i++)
        {
            if (tx[k] == vx[i])
            {
                ty[k]=vy[i];
            }
            else if (tx[k] > vx[i] && tx[k] < vx[i+1])
            {
                ty[k]=(tx[k]-vx[i+1])/(vx[i]-vx[i+1])
*vy[i]+(tx[k]-vx[i])/(vx[i+1]-vx[i])*vy[i+1];
            }
        }
    }
    return ty;
}
```

该程序需要注意的是，分段线性插值的区间数比已知点的个数少 1，故 for 循环区间数最大取值到 $n-2$。

5.3.2　算例介绍

同样采用上面的例子，已知下列各点（4，2）、（5，2.3）、（6，2.5）、（7，2.6）、

（8，2.8），采用分段线性插值法计算自变量取 4.5、5.5、6.5 与 7.5 时的函数值。

C# 中调用分段线性插值方法的主程序如下：

```
using System;
namespace ConsoleApp1
{
    class Program
    {
        static void Main(string[] args)
        {
            double[] x={4, 5, 6, 7, 8};
            double[] y={2, 2.3, 2.5, 2.6, 2.8};
            RVector X=new RVector(x);
            Console.WriteLine("X=");
            RVector.ShowVector(X);
            RVector Y=new RVector(y);
            Console.WriteLine("Y=");
            RVector.ShowVector(Y);
            double[] xt={4.5, 5.5, 6.5, 7.5};
            RVector Xt=new RVector(xt);
            Console.WriteLine("Xt=");
            RVector.ShowVector(Xt);
            RVector Yt=Interpolation.PiecewiseLinearInt-
erpolation(X, Y, Xt);
            Console.WriteLine("Yt=");
            RVector.ShowVector(Yt);
            Console.ReadKey();
        }
    }
}
```

该程序与前面牛顿插值法的 C# 程序只是调用方法不同，其他都一样。

计算结果如图 5-5 所示。

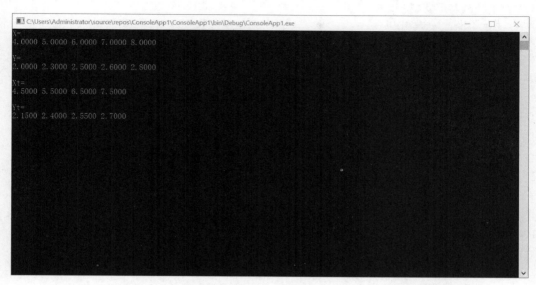

图 5-5　在 C# 程序中调用分段线性插值方法计算未知点的函数值结果示意图

5.4　三次样条插值

分段线性插值的缺点是插值曲线的导数不连续，简单地说就是插值曲线不够光滑。而三次样条插值是分段三次多项式插值，插值曲线的导数与二阶导数均连续。因此，样条插值的应用最为广泛。假设出函数在每一个点处的二阶导数，二阶导数是线性函数，积分获得一次导数，再积分获得函数表达式，代入分段函数在每个节点处的函数值，以及根据导数的连续性，获得线性方程组。对于 n 个点插值，需要求解 $n-2$ 维的线性方程组。由于线性方程组的变量数大于方程数，需要添加 2 个边界条件。因此不同的边界条件会得到不同的三次样条插值函数。边界条件主要分为三类：一类是指定端点处的一阶导数；第二类是指定端点处的二阶导数；第三类是两个端点处的函数值、导数值，以及二阶导数相等。此处选用的边界条件是最外侧端点处的二阶导数等于 0。对于 C++ 与 C# 等计算机语言，数组索引均是从 0 开始，n 个点最后一个点的索引是 $n-1$，故上述边界条件可以写为 $S''(x_0) = 0$ 与 $S''(x_{n-1}) = 0$。

5.4.1　算法程序

此处采用 C++ 语言描述分段三次样条插值过程。在 Interpolation 类中分别添加以下 2 个公有静态成员函数，一个是主要算法，针对单点三次样条插值，另一个是针对向量插值，调用单点插值函数。三次样条插值算法分为两部分，第一部分是求解线性方程组，线性方程组的系数矩阵是三对角矩阵，故需要在 Interpolation.h 文件中最前面添加头文件：

```
#include "SolutionofLinearEquations.h"
```

然后调用追赶法静态成员函数 Thomas 求解。计算中间点的二阶导数。第二部分是计算插值点的函数值，最左侧区间与最右侧区间需要单独计算，中间区间点插值，使用循环寻找插值点所在区间，然后代入插值公式。

```
static double PiecewiseSplineInterpolation(RVector vx, RVector
vy, double x0);
double Interpolation::PiecewiseSplineInterpolation(RVector vx,
RVector vy, double x0)
{
    int ndim=vx.GetLength();
    RVector h(ndim-1);
    for (int i=0; i < ndim-1; i++)
    {
        h[i]=vx[i+1]-vx[i];
    }
    double result=0;
    RVector d(ndim-2);
    RVector mu(ndim-2);
    RVector lam(ndim-2);
    for (int i=0; i < ndim-2; i++)
    {
        mu[i]=h[i]/(h[i]+h[i+1]);
        lam[i]=1-mu[i];
        d[i]=6/(h[i]+h[i+1])*((vy[i+2]-vy[i+1])/(vx[i+2]-vx-
[i+1])-(vy[i+1]-vy[i])/(vx[i+1]-vx[i]));
    }
    RVector Down(ndim-3);
    for (int i=0; i < ndim-3; i++)
    {
        Down[i]=mu[i+1];
    }
    RVector Diag=RVector::OnesVector(ndim-2)*2;
    RVector Up(ndim-3);
    for (int i=0; i < ndim-3; i++)
```

```
    {
        Up[i]=lam[i];
    }
    RVector D(d);
    RVector M=SolutionofLinearEquations::Thomas(Up, Diag, Down, D);
    double s0;
    double s1;
    double s2;
    double s3;
    double w;
    if (x0 >= vx[0] && x0 < vx[1])
    {
        s0=vy[0];
        s1=(vy[1]-vy[0])/(vx[1]-vx[0])-h[0]*M[0]/6;
        s2=0;
        s3=M[0]/6/h[0];
        w=x0-vx[0];
        result=s0+w*(s1+w*(s2+w*s3));
    }
    else if (x0 > vx[ndim-2] && x0 <= vx[ndim-1])
    {
        s0=vy[ndim-2];
        s1=(vy[ndim-1]-vy[ndim-2])/(vx[ndim-1]-vx[ndim-2])-h[n-
dim-2]*2*M[ndim-3]/6;
        s2=M[ndim-3]/2;
        s3 =-M[ndim-3]/ 6/h[ndim-2];
        w=x0-vx[ndim-2];
        result=s0+w*(s1+w*(s2+w*s3));
    }
    else
    {
        for (int i=1; i < ndim-2; i++)
        {
            if (x0 >= vx[i] && x0 <= vx[i+1])
            {
                s0=vy[i];
                s1=(vy[i+1]-vy[i])/(vx[i+1]-vx[i])-h[i]*(2*M[i-
```

```
1]+M[i])/6;
                s2=M[i-1]/2;
                s3=(M[i]-M[i-1])/6/h[i];
                w=x0-vx[i];
                result=s0+w*(s1+w*(s2+w*s3));
            }
        }
    }
    return result;
}
static RVector PiecewiseSplineInterpolation(RVector vx, RVector
vy, RVector tx);
RVector Interpolation::PiecewiseSplineInterpolation(RVector vx,
RVector vy, RVector tx)
{
    int n=tx.GetLength();
    RVector ty(n);
    for (int i=0; i < n; i++)
    {
        ty[i]=PiecewiseSplineInterpolation(vx, vy, tx[i]);
    }
    return ty;
}
```

5.4.2 算例介绍

已知对以下 4 个点（0，0）、（1，0.5）、（2，2）与（3，1.5）进行三次样条插值，并计算自变量在 0.5、1.5 以及 2.5 处的函数值。

```
#include <iostream>
#include "Interpolation.h"
int main()
{
    vector<double> x={0,1,2,3};
    vector<double> y={0,0.5,2,1.5};
    vector<double> tx={0.5,1.5,2.5};
    RVector X(x);
    RVector Y(y);
```

```
    RVector Tx(tx);
     RVector  Ty=Interpolation::PiecewiseSplineInterpolation(X, Y,
Tx);
    cout << "X=" << endl;
    RVector::ShowVector(X);
    cout << "Y=" << endl;
    RVector::ShowVector(Y);
    cout << "Tx=" << endl;
    RVector::ShowVector(Tx);
    cout << "Ty=" << endl;
    RVector::ShowVector(Ty);
}
```

计算结果如图 5-6 所示。

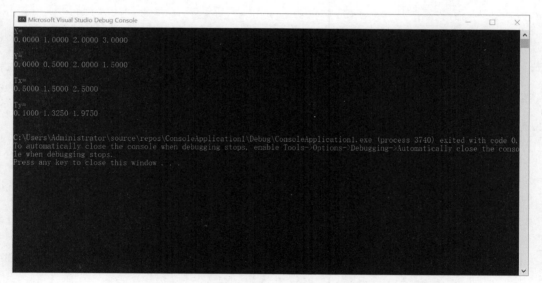

图 5-6　在 C++ 调用三次样条插值法计算函数值结果示意图

6 数据拟合

数据拟合与插值都可以用于计算未知数据点的函数值，但是拟合与插值的区别在于插值函数会通过已知点，而拟合函数不要求通过已知点。数据拟合需要预先指定待拟合的函数，而且一般会引入各种指标评价拟合优度。

6.1 线性拟合

线性拟合是最简单的拟合，各种数值计算软件包括 Excel 都可以实现线性拟合，求解方法是构建线性最小二乘法，对目标函数求偏导并等于 0，获得拟合参数的值。

6.1.1 算法程序

1. C++ 实现

将 RVector.h 与 RVector.cpp 复制到 C++ 工程文件中并添加，新建 CurveFitting 类并在 CurveFitting.h 文件中添加头文件：

```
#include "RVector.h"
```

在该类中新建公有静态成员函数的定义与内容分别如下：

```
static RVector LineFitting(RVector x, RVector y);
RVector CurveFitting::LineFitting(RVector x, RVector y)
{
    RVector result(2);
    double averagex=RVector::Average(x);
    double averagey=RVector::Average(y);
    double sumxx=RVector::DotProduct((x-averagex), (x-averagex));
    double sumxy=RVector::DotProduct((x-averagex), (y-averagey));
    double a=sumxy/sumxx;
    double b=averagey-a*averagex;
    result[0]=b;
    result[1]=a;
    return result;
}
```

成员函数返回向量的第一个数为直线的截距，第二个数为直线的斜率。程序采用向量类作为输入变量和输出变量，而不是采用输入数组和输出数组，是因为静态方法中需要计算向量的均值与内积，可以调用向量类的内积方法。

2. C# 实现

在 C# 工程中确保添加 RVector.cs 文件，新建 CurveFitting 类，并添加线性拟合的静态方法如下，过程与 C++ 完全相同。

```
public static RVector LineFitting(RVector x, RVector y)
{
    RVector result=new RVector(2);
    double averagex=RVector.Average(x);
    double averagey=RVector.Average(y);
    double sumxx=RVector.DotProduct((x-averagex), (x-averagex));
    double sumxy=RVector.DotProduct((x-averagex), (y-averagey));
    double a=sumxy/sumxx;
    double b=averagey-a*averagex;
    result[0]=b;
    result[1]=a;
    return result;
}
```

6.1.2 算例介绍

对以下数据点 $(-1, 10)$、$(0, 9)$、$(1, 7)$、$(2, 5)$、$(3, 4)$、$(4, 3)$、$(5, 0)$、$(6, -1)$ 进行线性拟合。

只采用 C++ 语言实现，调用线性拟合成员函数如下：

```
#include <iostream>
#include"CurveFitting.h"
int main()
{
    vector<double> x={-1,0,1,2,3,4,5,6};
    vector<double> y={10,9,7,5,4,3,0,-1};
    RVector X(x);
    RVector Y(y);
    RVector R=CurveFitting::LineFitting(X, Y);
```

```
cout << "x=" << endl;
RVector::ShowVector(X);
cout << "y=" << endl;
RVector::ShowVector(Y);
cout << "coeffecient is" << endl;
RVector::ShowVector(R);
}
```

计算结果如图 6-1 所示。

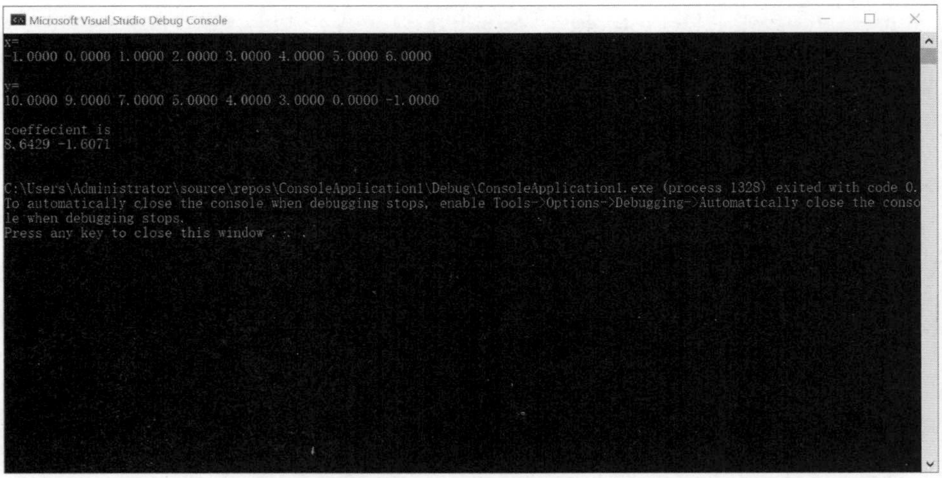

图 6-1　在 C++ 调用线性拟合法示意图

6.2　多项式拟合

多项式拟合和许多简单函数一样，可以采用线性最小二乘法求解拟合参数，而更复杂的拟合函数需要采用数值优化的方法获取参数。工程实际应用最多的是二次多项式拟合，高次多项式存在多项式摆动现象。虽然如此，但一般多项式拟合的算法却是相同的。

6.2.1　算法程序

这里采用 C++ 语言实现多项式拟合，线性最小二乘法最终简化为求解特殊的线性方程组，即正规方程。

在 CurveFitting.h 文件中添加头文件：

```
#include "SolutionofLinearEquations.h"
```

并确保 RMatrix 类、RVector 类以及 SolutionofLinearEquations 类都添加到工程中。
新建多项式拟合静态成员函数如下：

```
RVector CurveFitting::PolynomialFitting(RVector X, RVector Y, int
deg)
{
    int num=X.GetLength();
    RMatrix Phi(deg+1, num);
    RMatrix PhiT(num, deg+1);
    RVector vec(num);
    RMatrix A;
    RVector B;
    for (int i=0; i < Phi.GetnRows(); i++)
    {
        vec=RVector::Pow(X, i);
        Phi=RMatrix::ReplaceRow(Phi, i, vec);
    }
    PhiT=RMatrix::Transpose(Phi);
    A=Phi*PhiT;
    B=Phi*Y;
    RVector result;
    result=SolutionofLinearEquations::Gauss(A, B);
    return result;
}
```

算法主要过程是构建正规方程，然后调用高斯消元法求解，获得多项式拟合系数。

6.2.2 算例介绍

根据 4 个数据点（-3，3）、（0，1）、（2，1）和（4，3），求解最小二乘抛物线。
C++ 主程序如下：

```
#include <iostream>
#include"CurveFitting.h"
int main()
{
    vector<double> x={-3,0,2,4};
```

```
    vector<double> y={3,1,1,3};
    RVector X(x);
    RVector Y(y);
    int deg=2;
    RVector R=CurveFitting::PolynomialFitting(X, Y, 2);
    cout << "x=" << endl;
    RVector::ShowVector(X);
    cout << "y=" << endl;
    RVector::ShowVector(Y);
    cout << "y=a0+a1*x+a2*x*x" << endl << endl;
    cout << "a0=" << endl;
    cout << R[0] << endl << endl;
    cout << "a1=" << endl;
    cout << R[1] << endl << endl;
    cout << "a2=" << endl;
    cout << R[2] << endl;
}
```

计算结果如图 6-2 所示。

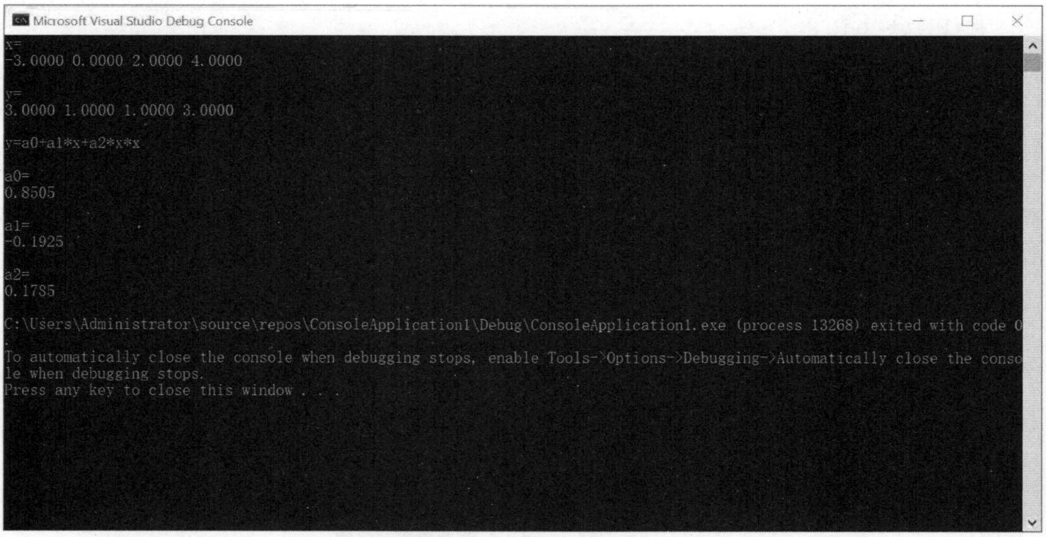

图 6-2　C++ 调用多项式拟合法示意图

7 数值微分

数值微分主要是计算导数以及高阶导数，最常用到的是一阶导数。

7.1 中心差分

计算一阶导数有向前差分、向后差分以及中心差分，其中中心差分具有二阶精度，其他高阶精度的一阶差分公式并不常用。对于有限散点的一阶导数，端点处没法用中心差分，可以采用具有二阶精度的向前差分和向后差分公式。

7.1.1 算法程序

对于自变量取值间隔为 h 的函数，即 $x_i = x_0 + ih$。

一阶中心差分公式为

$$f'(x_1) = \frac{f(x_2) - f(x_0)}{2h}$$

一阶向前差分公式为

$$f'(x_0) = \frac{-3f(x_0) + 4f(x_1) - f(x_2)}{2h}$$

一阶向后差分公式为

$$f'(x_2) = \frac{f(x_0) - 4f(x_1) + 3f(x_2)}{2h}$$

二阶中心差分公式为

$$f''(x_1) = \frac{f(x_0) - 2f(x_1) + f(x_2)}{h^2}$$

对于其他差分公式，均可以采用泰勒展开式获得。

1. C++ 实现

C++ 工程中新建 NumericalDifferentiation 类，在类的 .h 文件下添加两个公有静态成员函数，代码如下：

```
#pragma once
#include "RVector.h"
class NumericalDifferentiation
{
public:
    typedef double (*Function)(double);
    static double CentralDifference(Function f, double x0, double dx);
    static RVector CentralDifference(RVector x, double dx);
};
```

在 NumericalDifferentiation.cpp 文件中添加中心差分函数的具体内容，其中一个用于计算函数的导数，另一个用于计算向量的导数。代码如下：

```
#include "NumericalDifferentiation.h"
double NumericalDifferentiation::CentralDifference(Function f,
double x0, double dx)
{
    double df;
    df=(f(x0+dx)-f(x0-dx))/2/dx;
    return df;
}
RVector NumericalDifferentiation::CentralDifference(RVector x,
double dx)
{
    int n=x.GetLength();
    RVector df(n);
    df[0]=(-3*x[0]+4*x[1]-x[2])/2/dx;
    for (int i=1; i < x.GetLength-1; i++)
    {
        df[i]=(x[i+1]-x[i-1])/2/dx;
    }
    df[x.GetLength-1]=(x[x.GetLength-3]-4*x[x.GetLength-2]+3*x-
[x.GetLength-1])/2/dx;
    return df;
}
```

2. C# 实现

在 C# 中建立一个可以控制精度中心差分，随着循环次数的增加，增量 dx 不断减小。由于 dx 过小会出现反常值，故控制最大循环次数。

```
public static double CentralDifferenceLimits(Function f, double
x0, double tol)
{
    double df0=(f(x0+1)-f(x0-1))/2;
    double df1;
    double er;
    int maxit=10;
    int i=1;
    do
    {
        df1=(f(x0+Math.Pow(10, -i))-f(x0-Math.Pow(10, -i)))/2/
Math.Pow(10, -i);
        er=Math.Abs(df1-df0);
        i=i+1;
        if (i > maxit)
        {
            break;
        }
        df0=df1;
    } while (er < tol);
     return df0;
}
```

7.1.2 算例介绍

1. C++ 算例

计算 $y = \cos(x)$，当 $x = 0.8$ 时的导数。

使用 C++ 计算函数的导数，新建一个 Test 类，在类的 .h 和 .cpp 文件中添加需要计算导数的函数如下：

```
#pragma once
#include <cmath>
class Test
{
public:
```

```cpp
        static double Fun(double x);
};


#include "Test.h"
double Test::Fun(double x)
{
        return cos(x);
}
```

在 C++ 主程序中调用中心差分静态成员函数如下：

```cpp
#include <iostream>
#include "NumericalDifferentiation.h"
#include "Test.h"
#include <iomanip>
int main()
{
        double x0=0.8;
        double dx=1E-6;
        double  df=NumericalDifferentiation::CentralDifference
(Test::Fun, x0, dx);
        cout << "df=" <<fixed<<setprecision(4)<< df<<endl;
}
```

计算结果如图 7-1 所示。

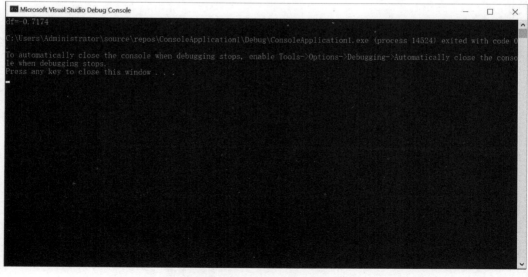

图 7-1 C++ 主程序中调用中心差分静态成员函数示意图

2. C# 算例

$y = \exp(x)$，在 2.3 处的导数。

在 C# 中新建 Test 类，并建立公有静态方法 Fun，用于计算指数函数。

```
using System;
class Test
{
    public static double Fun(double x)
    {
        return Math.Exp(x);
    }
}
```

在 C# 主程序中添加调用控制误差的中心差分算法程序，比较计算值与精确值，发现不断减小 h 并不能提高导数的计算精度。

```
using System;
namespace ConsoleApp1
{
    class Program
    {
        static void Main(string[] args)
        {
            double x0=2.3;
            double tol=1E-6;
            double dfa=NumericalDifferentiation.CentralDif-
ferenceLimits(Test.Fun, x0, tol);
            Console.Write("dfa= ");
            Console.WriteLine(dfa);
            Console.WriteLine();
            double dfe=Math.Exp(x0);
            Console.Write("dfe= ");
            Console.WriteLine(dfe);
            Console.ReadKey();
        }
    }
}
```

计算结果如图 7-2 所示。

图 7-2　C# 主程序中调用中心差分静态成员函数示意图

7.2　理查森外推

理查森外推法是利用低精度公式构造高精度公式的方法，此过程不需要一直编写差分公式，精度较高。

7.2.1　算法程序

1. C++ 实现

在 NumericalDifferentiation 类中添加理查森外推算法，算法是列出外推矩阵，首先计算矩阵的第一列，通过不断对 h 除以 2，并采用中心差分算法计算导数。第 2 列与第 3 列的计算方法分别为

$$G_1(h) = \frac{4G_0\left(\dfrac{h}{2}\right) - G_0(h)}{3}, \quad G_2(h) = \frac{16G_1\left(\dfrac{h}{2}\right) - G_1(h)}{15}$$

列数可以继续增加，效果并不明显，一般控制在 5 列即可。

在 NumericalDifferentiation.h 文件中添加矩阵类与数学函数头文件，并确保矩阵类被添加到 C++ 项目工程中。

```
#include "RMatrix.h"
```

```
#include <cmath>
```

以及建立外推法算法的静态成员函数定义以及内容如下:

```
static RMatrix RichardsonDifferentiation(Function f, double x0);
RMatrix
NumericalDifferentiation::RichardsonDifferentiation
(Function f, double x0)
{
    int n=5;
    RMatrix result(n, n);
    for (int i=0; i < n; i++)
    {
        result[i][0]=(f(x0+pow(2, -i))-f(x0-pow(2, -i)))/2/
pow(2, -i);
    }
    for (int i=0; i < n; i++)
    {
        for (int j=1; j <= i; j++)
        {
            result[i][j]=result[i][j-1]+(result[i][j-1]-re-
sult[i-1][j-1])/(pow(4, j)-1);
        }
    }
    return result;
}
```

2. C# 实现

C# 程序与 C++ 程序完全相同，只是 C++ 输出外推矩阵，而 C# 输出最后的导数计算值。

```
public static double RichardsonDifferentiation(Function f, dou-
ble x0)
{
    int n=5;
    RMatrix result=new RMatrix(n, n);
    for (int i=0; i < n; i++)
    {
        result[i, 0]=(f(x0+Math.Pow(2, -i))-f(x0-Math.Pow(2, -i)))
```

```
/2/Math.Pow(2, -i);
    }
    for (int i=0; i < n; i++)
    {
        for (int j=1; j <= i; j++)
        {
                result[i, j]=result[i, j-1]+(result[i, j-1]-
result[i-1, j-1])/(Math.Pow(4, j)-1);
        }
    }
    return result[n-1, n-1];
}
```

7.2.2　算例介绍

同样计算 $y = \exp(x)$，在 2.3 处的导数，此例采用 C++ 实现，修改 Test 类中的 Fun 静态成员函数为指数函数，并在主程序中调用：

```cpp
#include <iostream>
#include "NumericalDifferentiation.h"
#include "Test.h"
#include <iomanip>
int main()
{
    double x0=2.3;
    double dx=1E-6;
    RMatrix R=NumericalDifferentiation::RichardsonDifferen-
tiation(Test::Fun, x0);
    cout << "Matrix= " << endl;
    RMatrix::ShowMatrix(R);
    int n=R.GetnCols();
    cout << "df=" << endl;
    cout<< fixed << setprecision(4) << R[n-1][n-1] << endl;
}
```

计算结果如图 7-3 所示。

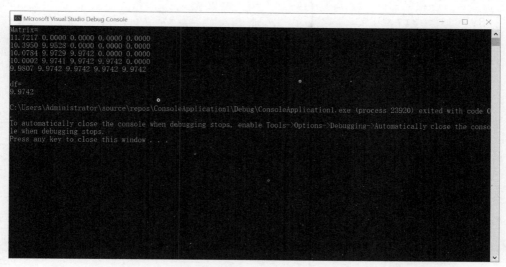

图 7-3 C++ 主程序中调用理查森外推法计算结果示意图

7.3 梯度

梯度是多元函数对于各个自变量的导数组成的向量。对于函数 $f(x_1,x_1,\ldots x_n)$ 的梯度可以表示为 $\nabla f=\left(\dfrac{\partial f}{\partial x_1},\dfrac{\partial f}{\partial x_2},\ldots\dfrac{\partial f}{\partial x_n}\right)$。梯度的每一项均可以采用中心差分计算。

7.3.1 算法程序

C++ 描述的梯度计算方法程序如下:

在 NumericalDifferentiation 类的 .h 文件下 public 下面添加多元函数指针,自变量为向量类。

```
typedef double (*MultiVarFunction)(RVector);
```

添加梯度算法的静态成员函数的定义与内容如下:

```
static RVector Gradient(MultiVarFunction f, RVector x0, double
dx);
RVector NumericalDifferentiation::Gradient(MultiVarFunction f,
RVector x0, double dx)
{
    int n=x0.GetLength();
    RVector G(n);
```

```
    RVector xr=x0;
    RVector xl=x0;
    for (int i=0; i < n; i++)
    {
        xr[i] += dx;
        xl[i] -= dx;
        G[i]=(f(xr)-f(xl))/2/dx;
        xr[i] -= dx;
        xl[i] += dx;
    }
    return G;
}
```

程序中 dx 为向量增量，对于 x+dx 与 x−dx 的每一个分量使用，每个偏导数计算完毕需要将 dx 还原。

7.3.2　算例介绍

计算函数 $f(x,y)=\dfrac{x-y}{x^2+y^2+2}$ 在（−3，−2）点的梯度。

在 Test 类中添加 RVector 类的头文件：

```
#include "RVector.h"
```

并多元函数的公有静态成员函数如下：

```
static double Fun(RVector x);
double Test::Fun(RVector x)
{
    return  (x[0]-x[1])/(x[0]*x[0]+x[1]*x[1]+2);
}
```

在 C++ 主程序中调用梯度算法如下：

```
#include <iostream>
#include "Test.h"
#include "NumericalDifferentiation.h"
using namespace std;
int main()
{
```

```
double dx=1E-6;
vector<double> x0={-3, -2};
RVector X0(x0);
RVector  G=NumericalDifferentiation::Gradient(Test::Fun, x0,
dx);
cout << "G=" << endl;
RVector::ShowVector(G);
}
```

计算结果如图 7-4 所示。

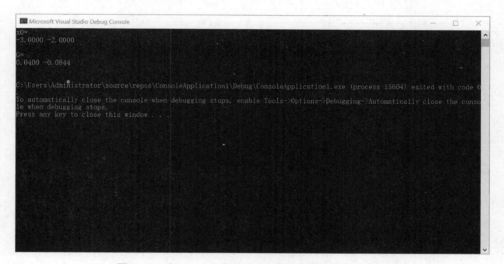

图 7-4　在 C++ 主程序中调用梯度算法结果示意图

具体计算过程中，由于截断误差和舍入误差的共同作用，dx 的取值不能太大或者太小，此处选为 1E-6。

7.4　海森矩阵

海森矩阵是多元函数的二阶偏导矩阵，对于函数 $f(x_1,x_1,\ldots,x_n)$ 的海森矩阵可以表

示为 $H(f)=\begin{pmatrix} \dfrac{\partial^2 f}{\partial x_1^2} & \cdots & \dfrac{\partial^2 f}{\partial x_1 \partial x_n} \\ \cdots & \cdots & \cdots \\ \dfrac{\partial^2 f}{\partial x_n \partial x_1} & \cdots & \dfrac{\partial^2 f}{\partial x_1 \partial x_n} \end{pmatrix}$，对于矩阵的每一项，均是计算二阶偏导，二阶偏导

的计算方法采用五点中心差分格式。以二元函数为例，矩阵对角线上的元素为对单个变量二阶导数，可以表示为

$$\frac{\partial^2 f}{\partial x^2} = \frac{f(x+\Delta x, y) - 2f(x, y) + f(x-\Delta x, y)}{\Delta x^2}$$

对于非对角线上的二阶偏导数，对于 x 与 y 两个方向连续两次使用中心差分格式。

$$\frac{\partial^2 f}{\partial x \partial y} = \frac{\dfrac{f(x+\Delta x, y+\Delta y) - f(x-\Delta x, y+\Delta y)}{2\Delta x} - \dfrac{f(x+\Delta x, y-\Delta y) - f(x-\Delta x, y-\Delta y)}{2\Delta x}}{2\Delta y}$$

7.4.1 算法程序

在 C# 语言 NumericalDifferentiation 中添加多元函数的委托：

```
public delegate double MultiVarFunction(RVector x);
```

添加静态方法如下：

```
public static RMatrix Hessian(MultiVarFunction f, RVector x0,
double dx)
{
    int n=x0.GetLength;
    RVector xr=x0.Clone();
    RVector xl=x0.Clone();
    RVector xlb=x0.Clone();
    RVector xlt=x0.Clone();
    RVector xrb=x0.Clone();
    RVector xrt=x0.Clone();
    RMatrix H=new RMatrix(n, n);
    for (int i=0; i < n; i++)
    {
        for (int j=0; j < n; j++)
        {
            if (i == j)
            {
                xr[i] += dx;
```

```
            xl[i] -= dx;
            H[i, i]=(f(xr)-2*f(x0)+f(xl))/dx/dx;
            xr[i] -= dx;
            xl[i] += dx;
        }
         else
        {
            xrt[i] += dx;
            xrt[j] += dx;
            xrb[i] += dx;
            xrb[j] -= dx;
            xlt[i] -= dx;
            xlt[j] += dx;
            xlb[i] -= dx;
            xlb[j] -= dx;
            H[i, j]=(((f(xrt)-f(xlt))/2/dx)-((f(xrb)-f(xlb))/2/
dx))/2/dx;
            xrt[i] -= dx;
            xrt[j] -= dx;
            xrb[i] -= dx;
            xrb[j] += dx;
            xlt[i] += dx;
            xlt[j] -= dx;
            xlb[i] += dx;
            xlb[j] += dx;
        }
    }
}
    return H;
}
```

与 C++ 语言描述的梯度算法相比，除了需要计算二阶偏导导数之外，C# 中的向量和矩阵的复制需要用拷贝方法 Clone( )。否则当 x0 将与其附近的 4 个点同时发生变化，不能计算导数。

7.4.2　算例介绍

计算函数 $f(x,y) = \dfrac{x-y}{x^2+y^2+2}$ 在（-3，-2）点的海森矩阵。

将多元函数建立为 Test 类的静态方法：

```
class Test
{
    public static double Fun(RVector x)
    {
        return (x[0]-x[1])/(x[0]*x[0]+x[1]*x[1]+2);
    }
}
```

在 C# 语言中调用海森矩阵的主程序如下：

```
using System;
namespace ConsoleApp1
{
    class Program
    {
        static void Main(string[] args)
        {
            double[] x0={-3, -2};
            RVector X0=new RVector(x0);
            double dx=1E-2;
         RMatrix H=NumericalDifferentiation.Hessian(Test.Fun, X0,
dx);
            Console.WriteLine("x0=");
            RVector.ShowVector(X0);
            Console.WriteLine("H=");
            RMatrix.ShowMatrix(H);
            Console.ReadKey();
        }
    }
}
```

计算结果如图 7-5 所示。

图 7-5 在 C# 主程序中调用海森矩阵算法结果示意图

8 数值积分

数值积分最常用的公式有复化梯形公式与复化辛普森公式。积分公式来源于插值多项式求积分，然后对多个点进行复化求和。数值积分算法简单、精度高，而且可以推广到高维积分计算。高斯型求积公式此处不做介绍。

8.1 矩形公式

矩形公式来源于积分运算的定义，认为函数值在其代表的区间宽度内保持不变。积分表示为函数值与区间的乘积并求和。

8.1.1 算法程序

矩形公式采用 C# 程序描述如下：

在 C# 工程中新建 NumericalIntegral 类，并添加公有静态方法：

```
public delegate double Function(double x);
public static double Rectangular(Function f, double a, double b,
int n)
{
    double sum=0;
    double h=(b-a)/n;
    for (int i=0; i <= n; i++)
    {
        sum += h*f(a+i*h);
    }
    return sum;
}
public static double Rectangular(double[] y, double a, double b)
{
    double sum=0;
    int n=y.Length;
    double h=(b-a)/(n-1);
    for (int i=0; i < n; i++)
```

```
        {
            sum += h*y[i];
        }
    return sum;
}
public static double Rectangular(RVector y, double a, double b)
{
    double sum=0;
    int n=y.GetLength;
    double h=(b-a)/(n-1);
    for (int i=0; i < n; i++)
    {
        sum += h*y[i];
    }
    return sum;
}
```

重载上述方法分别针对函数和向量求积分。

8.1.2　算例介绍

求以下各点的积分：（0.0，0.2）、（0.2，0.1）、（0.4，0.3）、（0.6，0.5）、（0.8，0.2）、（1.0，0.4）。

积分上下限为从 0.0 到 1.0，数据等距分布。在 C# 中调用矩形求积分静态方法，主程序如下：

```
using System;
namespace ConsoleApp1
{
    class Program
    {
        static void Main(string[] args)
        {
            double a=0;
            double b=1;
            double[] y={0.2, 0.1, 0.2, 0.5, 0.2, 0.4};
            RVector Y=new RVector(y);
```

```
        double s=NumericalIntegral.Rectangular(y, a, b);
        Console.Write("Numerical Integral is ");
        Console.WriteLine(s);
        Console.ReadKey();
    }
  }
}
```

计算结果如图 8-1 所示。

图 8-1　在 C# 中调用矩形求积分静态方法结果示意图

8.2　梯形公式

梯形公式认为在每个区间内函数值满足线性变化，构成梯形，函数积分就是将所有的梯形面积求和。

8.2.1　算法程序

本例采用 C++ 程序描述，表达式为 $S = \sum_{i=0}^{N-2} \dfrac{h}{2} \left(f(x_i) + f(x_{i+1}) \right)$

在 C++ 工程中新建 NumericalIntegral 类，分别在 .h 与 .cpp 文件中添加静态成员函数的定义与内容如下：

```
#pragma once
```

```
#include "RVector.h"
class NumericalIntegral
{
public:
    static double Trapezoidal(RVector y, double a, double b);
};

#include "NumericalIntegral.h"
double NumericalIntegral::Trapezoidal(RVector y, double a, double
b)
{
    double sum=0;
    int n=y.GetLength();
    double h=(b-a)/(n-1);
    for (int i=0; i < (n-1); i++)
    {
        sum += 0.5*h*(y[i]+y[i+1]);
    }
    return sum;
}
```

8.2.2 算例介绍

与上节算例相同，求以下各点的积分：(0.0, 0.2)、(0.2, 0.1)、(0.4, 0.3)、(0.6, 0.5)、(0.8, 0.2)、(1.0, 0.4)。

在 C++ 主程序中调用梯形公式如下：

```
#include <iostream>
#include "NumericalIntegral.h"
int main()
{
    double a=0;
    double b=1;
    vector<double> y={0.2, 0.1, 0.2, 0.5, 0.2, 0.4};
    RVector Y(y);
    double s=NumericalIntegral::Trapezoidal(y, a, b);
    cout<<"Numerical Integral is ";
```

```
        cout << s << endl;
}
```

计算结果如图 8-2 所示。

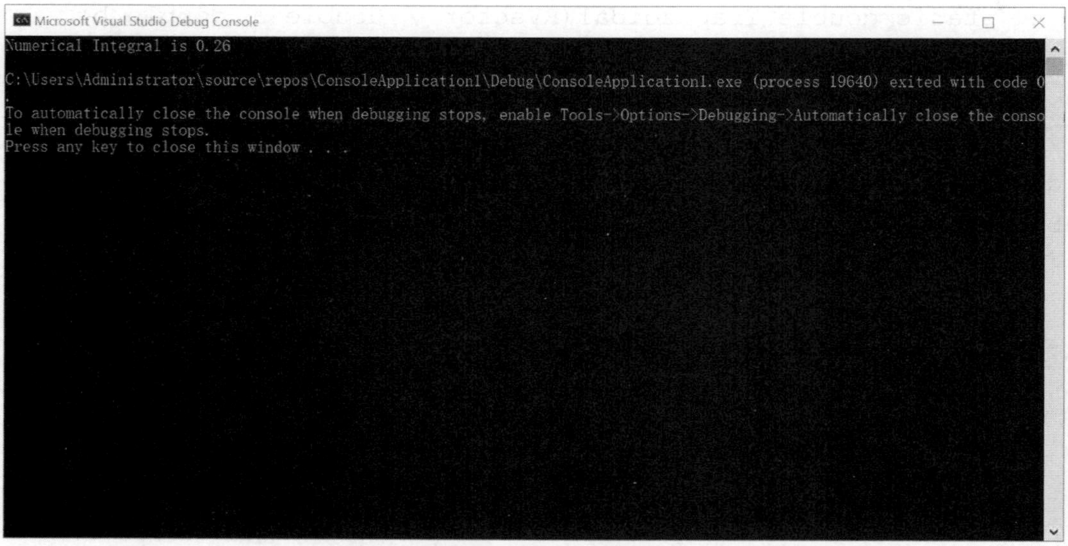

图 8-2　在 C++ 主程序中调用梯形公式结果示意图

8.3　辛普森公式

辛普森公式假设连续三个点满足抛物线，对拟合函数积分得到积分公式，然后多点复合，辛普森公式要求点的个数是奇数；如果是偶数，最开始几个点采用其他算法。

8.3.1　算法程序

辛普森积分公式采用 C# 程序实现，在 NumericalIntegral 类中添加公有静态方法如下：

```csharp
public static double Simpson(Function f, double a, double b, int n)
{
    if (n < 3)
    {
        throw new Exception("Error!");
    }
    double sum=0;
```

```
    double h=(b-a)/n;
    if (n % 2 == 0)
    {
        for (int i=0; i < n-1; i += 2)
        {
            sum += h*(f(a+i*h)+4*f(a+(i+1)*h)+f(a+(i+2)*h))/3;
        }
    }
    else
    {
        sum=3*h*(f(a)+3*f(a+h)+3*f(a+2*h)+f(a+3*h))/8;
        for (int i=3; i < n-1; i += 2)
        {
            sum += h*(f(a+i*h)+4*f(a+(i+1)*h)+f(a+(i+2)*h))/3;
        }
    }
    return sum;
}
```

同时添加离散点积分的共有静态方法如下：

```
public static double Simpson(RVector y, double a, double b)
{
    int n=y.GetLength;
    double h=(b-a)/(n-1);
    if (n < 3)
    {
        throw new Exception("Error!");
    }
    double sum=0;
    if (n % 2 != 0)
    {
        for (int i=0; i < n-2; i += 2)
        {
            sum += h*(y[i]+4*y[i+1]+y[i+2])/3;
        }
    }
    else
```

```
    {
        sum=3*h*(y[0]+3*y[1]+3*y[2]+y[3])/8;
        for (int i=3; i < n-2; i += 2)
        {
            sum += h*(y[i]+4*y[i+1]+y[i+2])/3;
        }
    }
    return sum;
}
```

程序中重载了辛普森积分公式，前面一个 Simpson 静态方法用于计算函数的积分，后面一个 Simpson 静态方法用于计算向量的积分。算法要求计算的点个数大于 4，当点的个数是奇数和偶数时的算法略有差异。主要在于两个方法中的 n 表示的意思不同，计算函数积分的方法中 n 表示将区间分为 n 段，故将产生 $n+1$ 个点；而计算向量积分的方法中 n 表示向量点的个数。

8.3.2　算例介绍

算例 1：求以下各点的积分：（0.0，0.2）、（0.2，0.1）、（0.4，0.3）、（0.6，0.5）、（0.8，0.2）、（1.0，0.4）。

C# 中调用辛普森公式的主程序如下：

```
using System;
namespace ConsoleApp1
{
    class Program
    {
        static void Main(string[] args)
        {
            double a=0;
            double b=1;
            double[] y={0.2, 0.1, 0.2, 0.5, 0.2, 0.4};
            RVector Y=new RVector(y);
            double s=NumericalIntegral.Simpson(y, a, b);
            Console.Write("Numerical Integral is ");
            Console.WriteLine(s);
            Console.ReadKey();
```

```
        }
    }
}
```

计算结果如图 8-3 所示。

图 8-3　在 C# 中调用辛普森公式求各点积分结果示意图

算例 2：求解函数 $y = \cos(x)$ 在 0 到 PI/2 之间的积分。

在 C# 的 Test 类中改写 Fun 函数为 cos(x)：

```
using System;
class Test
{
    public static double Fun(double x)
    {
        return Math.Cos(x);
    }
}
```

并在主程序中调用辛普森积分公式如下：

```
using System;
namespace ConsoleApp1
```

```
{
    class Program
    {
        static void Main(string[] args)
        {
            double a=0;
            double b=Math.PI/2;
            int n=10;
            double s=NumericalIntegral.Simpson(Test.Fun, a, b, n);
            Console.Write("Numerical Integral is ");
            Console.WriteLine(s);
            Console.ReadKey();
        }
    }
}
```

计算结果如图 8-4 所示。

图 8-4 在 C# 中调用辛普森公式求函数积分结果示意图

8.4 龙贝格公式

龙贝格积分公式与理查森微分公式一样，都属于外推法公式，积分公式每一行的步长是上一行的一半，每一列数值需要前一列的数据计算。输出矩阵的第一列为梯形

积分公式, 第二列为辛普森积分公式, 第三列为牛顿柯特斯积分公式。龙贝格积分公式首列是梯形计算公式, 表示为

$$R(0,0) = \frac{b-a}{2}[f(a)+f(b)]$$

$$R(J,0) = \frac{R(J-1,0)}{2} + \sum_{k=1,k+=2}^{2^J} f(x_k)$$

$$R(J,K) = \frac{4^K R(J,K-1) - R(J-1,K-1)}{4^K - 1}$$

8.4.1 算法程序

在 C++ 工程中 NumericalIntegral 类中添加龙贝格积分公式的公有静态成员函数如下:

```cpp
static RMatrix RombergIntegration(Function f, double a, double b);
RMatrix NumericalIntegral::RombergIntegration(Function f, double
a, double b)
{
    double h=b-a;
    int maxit=6;
    double temp;
    RMatrix R(maxit, maxit);
    R[0][0]=h* (f(a)+f(b))/2.0;
    for (int i=1; i < maxit; i++)
    {
        h=h/2;
        temp=0;
        for (int j=1; j < pow(2, i); j+=2)
        {
            temp += f(a+j*h);
        }
        R[i][0]=R[i-1][0]/2+h*temp;
    }
    for (int i=1; i < maxit; i++)
    {
        for (int j=1; j <= i; j++)
        {
```

```
            R[i][j]=1/(pow(4, j)-1)*(pow(4, j)*R[i][j-1]-R[i-1]
[j-1]);
        }
    }
    return R;
}
```

该成员函数最终输出外推矩阵。

8.4.2 算例介绍

计算积分 $\int_0^{\frac{\pi}{2}}(x^2+x+1)\cos(x)\,\mathrm{d}\,x$。

在 C++ 主程序中修改 Test 类的公有静态成员函数如下:

```
double Test::Fun(double x)
{
    return (x*x+x+1)*cos(x);
}
```

调用龙贝格积分公式如下,由于 C++ 中没有常数 PI,故需要自定义:

```
#include <iostream>
#include "Test.h"
#include "NumericalIntegral.h"
#include <iomanip>
#define PI 3.14159265358979323846
using namespace std;
int main()
{
    double a=0;
    double b=PI/2;
    RMatrix R=NumericalIntegral::RombergIntegration(Test::Fun, a, b);
    int n=R.GetnRows();
    cout <<"R="<< endl;
      cout <<fixed<<setprecision(12)<< R[n-1][n-1] << endl <<
endl;
    cout << "R= " << endl;
    RMatrix::ShowMatrix(R);
}
```

计算结果如图 8-5 所示。

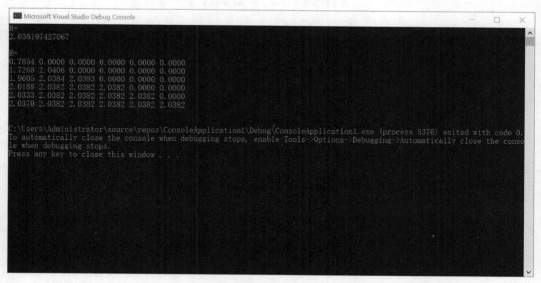

图 8-5 在 C++ 主程序中调用龙贝格公式计算积分结果示意图

9 常微分方程求解

常微分方程与常微分方程组是微分方程的基本类型，在科学与工程中广泛应用。在常微分方程各种求解方法中，常用欧拉法和龙格库塔法。其中以 4 阶龙格库塔法应用最为广泛。

9.1 欧拉法

对于常微分方程 $y' = f(x, y)$，欧拉法是将微分方程左侧的微分项改写为差分公式的方法。分别采用向前差分、中心差分以及向后差分可以得到向前欧拉公式、中心差分与向后欧拉公式。

$$y_{n+1} = y_n + hf(x_n, y_n)$$

$$y_{n+1} = y_{n-1} + 2hf(x_n, y_n)$$

$$y_{n+1} = y_n + hf(x_{n+1}, y_{n+1})$$

由于向后欧拉公式是全隐式，需要求解非线性方程。虽然求解过程较复杂，但是算法稳定性好。

改进欧拉法时对微分方程两边积分，右边积分项采用梯形公式计算近似而来

$$y_{n+1} = y_n + \frac{1}{2}h\big(f(x_n, y_n) + f(x_{n+1}, y_{n+1})\big)$$

改进欧拉法也需要求解微分非线性方程。为了避免迭代求解非线性方程，对上式改为预估 – 校正法与反复迭代的预估 – 校正法。

$$\begin{cases} y_t = y_n + hf(x_n, y_n) \\ y_{n+1} = y_n + \frac{1}{2}h\big[f(x_n, y_n) + f(x_{n+1}, y_t)\big] \end{cases}$$

与

$$\begin{cases} y_{n+1}^{(0)} = y_n + hf(x_n, y_n) \\ y_{n+1}^{(m+1)} = y_n + \frac{1}{2}h\Big[f(x_n, y_n) + f\big(x_{n+1}, y_{n+1}^{(m)}\big)\Big] \end{cases}$$

9.1.1 算法程序

1. C++ 实现

采用 C++ 实现预估 – 校正改进欧拉法求解常微分方程的程序过程为：在 C++ 工程中建立 SolutionofDifferentialEquation 类，分别在其 .h 文件中添加函数的如下定义，同时确保 C++ 工程中已经添加 RVector 类。

```cpp
#pragma once
#include "RVector.h"
class SolutionofDifferentialEquation
{
public:
    typedef double (*Function)(double, double);
    static vector<RVector> HeunMethod(Function f, double a, double b,
double y0, int n);
};
```

这里需要强调的是，C++ 不能直接输出数组，也无法直接输出对象数组，只能采用指针的方式，或者使用 C++ 标准模板库中的 vector 容器。此处采用 vector 容器，其元素是 RVector 类的对象，就可以返回对象数组了。

在 .cpp 文件中添加改进欧拉法公有静态成员函数如下：

```cpp
#include "SolutionofDifferentialEquation.h"
vector<RVector> SolutionofDifferentialEquation::HeunMethod(Function f,
double a, double b, double y0, int n)
{
    double h=(b-a)/n;
    RVector xin=RVector::LineSpace(a, b, n);
    RVector yin=(n+1);
    yin[0]=y0;
    double temp1=0;
    double temp2=0;
    for (int i=0; i < n; i++)
    {
        temp1=f(xin[i], yin[i]);
        temp2=f(xin[i+1], yin[i]+h*temp1);
        yin[i+1]=yin[i]+h*(temp1+temp2)/2;
```

```
    }
    vector<RVector> result(2);
    result[0]=xin;
    result[1]=yin;
    return result;
}
```

2. C# 实现

采用 C# 实现预估－校正改进欧拉法求解常微分方程的静态方法与 C++ 程序几乎相同，区别仅在于 C# 可以用下标符号 [ ] 返回对象数组，C# 工程中添加 SolutionofDifferentialEquation 类，并确保添加 RVector 类到工程中，具体程序如下：

```
using System
class SolutionofDifferentialEquation
{
    public delegate double Function(double x, double y);
    public static RVector[] EulerMethod(Function f, double a,
double b, double y0, int n)
    {
        RVector xin=RVector.LineSpace(a, b, n);
        RVector yin=new RVector(n+1);
        yin[0]=y0;
        double h=(b-a)/n;
        for (int i=0; i < n; i++)
        {
            yin[i+1]=yin[i]+h*f(xin[i], yin[i]);
        }
        RVector[] result=new RVector[2];
        result[0]=xin;
        result[1]=yin;
        return result;
    }
}
```

比较 C++ 与 C# 程序可以发现，这种程序的差别仅在于对象数组的定义与使用方面。

9.1.2 算例介绍

求解下列常微分方程:

$$\begin{cases} y' = y + \sin(x) \\ y(0) = 1 \end{cases}$$

1. C++ 实现

在 C++ 中添加 Test 类, 并建立公有静态成员函数 $f(x, y) = y + \sin(x)$, 并在 C++ 主程序中调用改进欧拉法。

```cpp
#pragma once
#include <cmath>
class Test
{
public :
    static double Fun(double x, double y);
};

#include "Test.h"
double Test::Fun(double x, double y)
{
    return y+sin(x);
}

#include <iostream>
#include "Test.h"
#include "SolutionofDifferentialEquation.h"
int main()
{
    double a=0;
    double b=5;
    double y0=0;
    int n=10;
    vector<RVector> r=SolutionofDifferentialEquation::HeunMethod
(Test::Fun, a, b, y0, n);
    cout <<"x="<< endl;
    RVector::ShowVector(r[0]);
```

```
    cout << "y=" << endl;
    RVector::ShowVector(r[1]);
}
```

计算结果如图 9-1 所示。

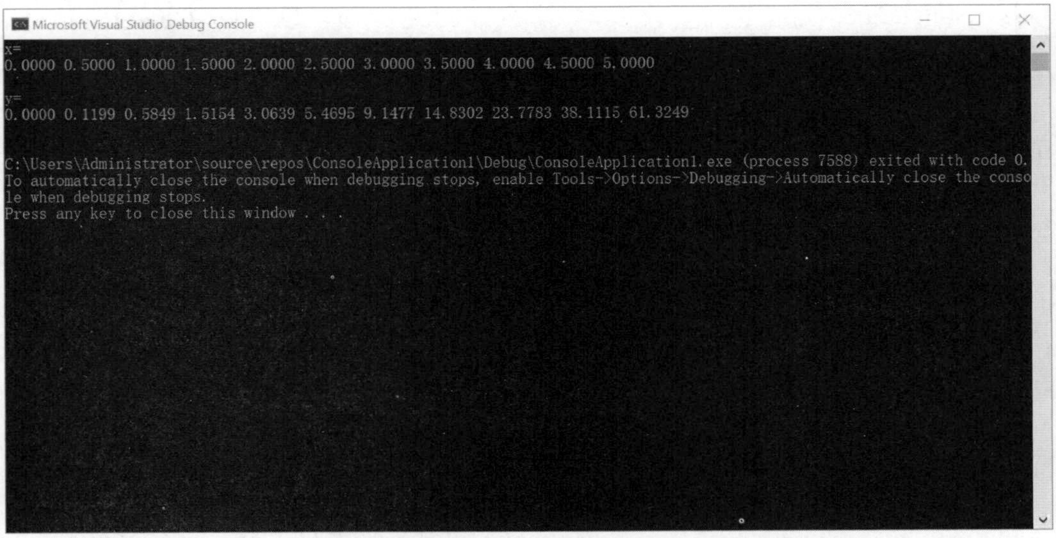

图 9-1 在 C++ 主程序中调用改进欧拉法求解常微分方程结果

2. C# 实现

在 C# 中添加 Test 类，并建立公有静态方法 $f(x,y)=y+\sin(x)$ 如下：

```
using System;
class Test
{
    public static double Fun(double x, double y)
    {
        return y+Math.Sin(x);
    }
}
```

在 C# 主程序中调用改进欧拉法如下：

```
using System;
namespace ConsoleApp1
{
```

```
class Program
{
    static void Main(string[] args)
    {
        double a=0;
        double b=5;
        double y0=0;
        int n=10;
        RVector[]  r=SolutionofDifferentialEquation.HeunMethod
(Test.Fun, a, b, y0, n);
        Console.WriteLine("x=");
        RVector.ShowVector(r[0]);
        Console.WriteLine("y=");
        RVector.ShowVector(r[1]);
        Console.ReadKey();
    }
}
}
```

计算结果如图 9-2 所示。

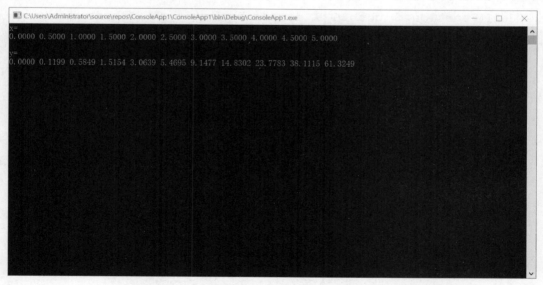

图 9-2   在 C# 主程序中调用改进欧拉法求解常微分方程结果

9.2　龙格库塔法

对于常微分方程 $y' = f(x, y)$，经典 4 阶龙格库塔法格式为

$$\begin{cases} K_1 = f(x_n, y_n) \\ K_2 = f\left(x_n + \dfrac{h}{2}, y_n + \dfrac{h}{2}K_1\right) \\ K_3 = f\left(x_n + \dfrac{h}{2}, y_n + \dfrac{h}{2}K_2\right) \\ K_4 = f(x_n + h, y_n + hK_3) \end{cases}$$

$$y_{n+1} = y_n + \frac{h}{6}(K_1 + 2K_2 + 2K_3 + K_4)$$

9.2.1　算法程序

1. C++ 实现

在 C++ 的 SolutionofDifferentialEquation 类中添加静态成员函数的定义与主要内容分别如下：

```cpp
vector<RVector> RungeKuttaMethod(Function f, double a, double b,
double y0, int n);
vector<RVector> SolutionofDifferentialEquation::RungeKutta-
Method(Function f, double a, double b, double y0, int n)
{
    double h=(b-a)/(n-1);
    RVector xin=RVector::LineSpace(a, b, n);
    RVector yin(n+1);
    yin[0]=y0;
    double temp1=0;
    double temp2=0;
    double temp3=0;
    double temp4=0;
    for (int i=0; i < n; i++)
    {
        temp1=f(xin[i], yin[i]);
        temp2=f(xin[i]+h/2, yin[i]+temp1*h/2);
        temp3=f(xin[i]+h/2, yin[i]+temp2*h/2);
        temp4=f(xin[i]+h, yin[i]+temp3*h);
        yin[i+1]=yin[i]+h*(temp1+2*temp2+2*temp3+temp4)/6;
```

```
    }
    vector<RVector> result(2);
    result[0]=xin;
    result[1]=yin;
    return result;
}
```

2. C# 实现

在 SolutionofDifferentialEquation 类中添加静态方法实现龙格库塔法如下：

```
public static RVector[] RungeKuttaMethod(Function f, double a,
double b, double y0, int n)
{

    double h=(b-a)/(n-1);
    RVector xin=RVector.LineSpace(a, b, n);
    RVector yin=new RVector(n+1);
    yin[0]=y0;
    double temp1=0;
    double temp2=0;
    double temp3=0;
    double temp4=0;
    for (int i=0; i < n; i++)
    {
        temp1=f(xin[i], yin[i]);
        temp2=f(xin[i]+h/2, yin[i]+temp1*h/2);
        temp3=f(xin[i]+h/2, yin[i]+temp2*h/2);
        temp4=f(xin[i]+h, yin[i]+temp3*h);
        yin[i+1]=yin[i]+h*(temp1+2*temp2+2*temp3+temp4)/6;
    }
    RVector[] result=new RVector[2];
    result[0]=xin;
    result[1]=yin;
    return result;
}
```

9.2.2 算例介绍

求解下述常微分方程：

$$\begin{cases} y' = -3y + 8x - 7 \\ y(0) = 1 \end{cases}$$

1. C++ 实现

将 Test 类中的 Fun 静态成员函数改为：

```
#include "Test.h"
double Test::Fun(double x, double y)
{
      return -3*y+8*x-7;
}
```

在 C++ 主程序中调用龙格库塔法成员函数，求解上述常微分方程如下：

```
#include <iostream>
#include "Test.h"
#include "SolutionofDifferentialEquation.h"
int main()
{
    double a=0;
    double b=2;
    double y0=1;
    int n=20;
    vector<RVector> r=SolutionofDifferentialEquation::RungeKutta-
Method(Test::Fun, a, b, y0, n);
    cout <<"x="<< endl;
    RVector::ShowVector(r[0]);
    cout << "y=" << endl;
    RVector::ShowVector(r[1]);
}
```

计算结果如图 9-3 所示。

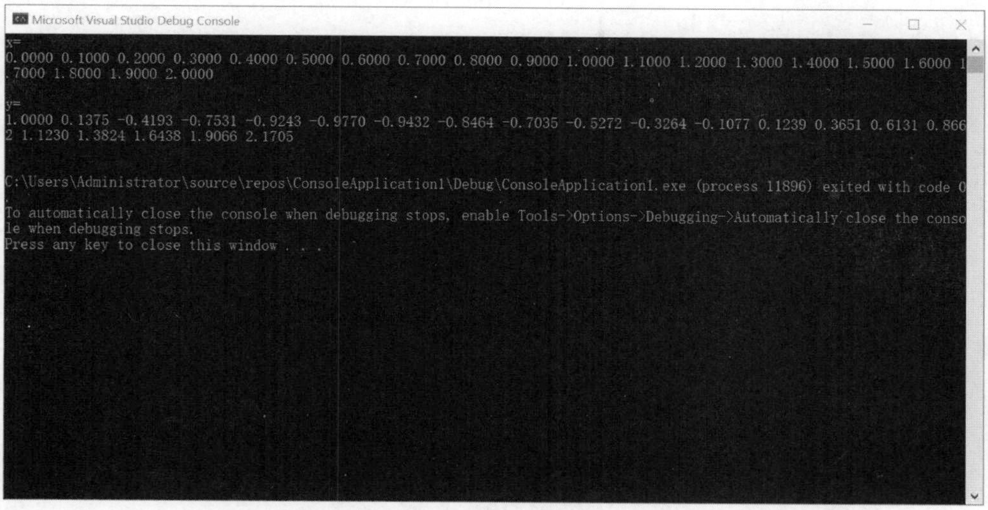

图 9-3 在 C++ 主程序中调用龙格库塔法成员函数求解常微分方程结果

2. C# 实现

将 Test 类中的 Fun 静态方法改为

```
using System;
class Test
{
    public static double Fun(double x, double y)
    {
        return -3*y+8*x-7;
    }
}
```

在 C++ 主程序中调用龙格库塔法成员函数,求解上述常微分方程如下:

```
using System;
namespace ConsoleApp1
{
    class Program
    {
        static void Main(string[] args)
        {
            double a=0;
            double b=2;
            double y0=0;
```

```
        int n=20;
        RVector[] r=
SolutionofDifferentialEquation.RungeKuttaMethod(Test.Fun, a, b, y0, n);
        Console.WriteLine("x=");
        RVector.ShowVector(r[0]);
        Console.WriteLine("y=");
        RVector.ShowVector(r[1]);
        Console.ReadKey();
    }
}
}
```

计算结果如图 9-4 所示。

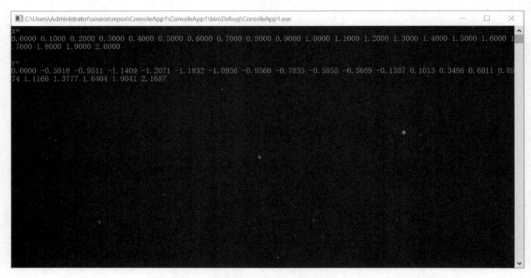

图 9-4   在 C# 主程序中调用龙格库塔法成员函数求解常微分方程结果

9.3   常微分方程组

常微分方程组的解法与常微分方程的解法相同，也有改进欧拉法与龙格库塔法。区别只是在数据保存，从保存函数值变为保存向量函数值。在具体程序实现上，数据保存形式从向量转变到了矩阵。

由于龙格库塔法的精度比改进欧拉法高，故此处以龙格库塔法为例，对于常微分方程 $\vec{y}' = \vec{f}(x, \vec{y})$，经典 4 阶龙格库塔法格式为：

$$\begin{cases} \vec{K}_1 = \vec{f}\left(x_n, \vec{y}_n\right) \\ \vec{K}_2 = \vec{f}\left(x_n + \dfrac{h}{2}, \vec{y}_n + \dfrac{h}{2}\vec{K}_1\right) \\ \vec{K}_3 = \vec{f}\left(x_n + \dfrac{h}{2}, \vec{y}_n + \dfrac{h}{2}\vec{K}_2\right) \\ \vec{K}_4 = \vec{f}\left(x_n + h, \vec{y}_n + h\vec{K}_3\right) \end{cases}$$

$$\vec{y}_{n+1} = \vec{y}_n + \frac{h}{6}\left(\vec{K}_1 + 2\vec{K}_2 + 2\vec{K}_3 + \vec{K}_4\right)$$

9.3.1　算法程序

1. C++ 实现

在 SolutionofDifferentialEquation 类 public 下面建立指向向量函数的指针：

```
typedef vector<double> (*VectorFunction)(double, vector<double>);
```

建立向量函数龙格库塔法的静态成员函数，函数返回向量数组，当然也可以返回二维数组或者矩阵。

```
static vector<RVector> VectorRungeKuttaMethod(VectorFunction f,
double a, double b, vector<double> y0, int n);
```

静态成员函数的内容与常微分方程的龙格库塔算法一样，只是每步计算值从数变成了数组。

```
vector<RVector>
 SolutionofDifferentialEquation::VectorRungeKuttaMethod(Vector-
Function f, double a, double b, vector<double> y0, int n)
{
    double h=(b-a)/n;
    int ndim=y0.size();
    vector<RVector> result(ndim+1);
    for (int i=0; i < ndim+1; i++)
    {
        result[i]=RVector::ZerosVector(n+1);
    }
    for (int i=0; i < n+1; i++)
    {
        result[0][i]=a+h*i;
    }
```

```
for (int i=0; i < ndim; i++)
{
    result[i+1][0]=y0[i];
}
vector<double> temp1(ndim);
vector<double> temp2;//K1
double temp3;
vector<double> temp4(ndim);
vector<double> temp5;//K2
vector<double> temp6(ndim);
vector<double> temp7;//K3
double temp8;
vector<double> temp9(ndim);
vector<double> temp10;//K4
for (int i=0; i < n; i++)
{
    for (int j=0; j < ndim; j++)
    {
        temp1[j]=result[j+1][i];
    }
    temp2=f(result[0][i], temp1);
    temp3=result[0][i]+h/2;
    for (int j=0; j < ndim; j++)
    {
        temp4[j]=temp2[j]*h/2+result[j+1][i];
    }
    temp5=f(temp3, temp4);//K2
    for (int j=0; j < ndim; j++)
    {
        temp6[j]=temp5[j]*h/2+result[j+1][i];
    }
    temp7=f(temp3, temp6);//K3
    temp8=result[0][i]+h;
    for (int j=0; j < ndim; j++)
    {
        temp9[j]=temp7[j]*h+result[j+1][i];//K4
    }
```

```
        temp10=f(temp8, temp9);//K4
        for (int j=0; j < ndim; j++)
        {
                result[j+1][i+1]=result[j+1][i]+h*(temp2[j]+2*
temp5[j]+2*temp7[j]+temp10[j])/6;
        }
    }
    return result;
}
```

2. C# 实现

C# 静态方法求解常微分方程组的算法与求解常微分方程的算法相同，不同的是建立临时向量，需要保存中间变量 $\vec{K}_1$、$\vec{K}_2$、$\vec{K}_3$ 以及 $\vec{K}_4$。

在 C# 中建立委托，指向向量函数如下：

```
public delegate double[] VectorFunction(double x, double[] y);
```

并添加采用龙格库塔算法的静态方法，除了向量数组的声明与用法略有差异，C# 程序与 C++ 程序完全相同如下：

```
public static RVector[] VectorRungeKuttaMethod(VectorFunction f,
double a, double b, double[] y0, int n)
{
    double h=(b-a)/n;
    int ndim=y0.Length;
    RVector[] result=new RVector[ndim+1];
    for (int i=0; i < ndim+1; i++)
    {
        result[i]=RVector.ZerosVector(n+1);
    }
    for (int i=0; i < n+1; i++)
    {
        result[0][i]=a+h*i;
    }
    for (int i=0; i < ndim; i++)
    {
        result[i+1][0]=y0[i];
    }
```

```
double[] temp1=new double[ndim];
double[] temp2;//K1
double temp3;
double[] temp4=new double[ndim];
double[] temp5;//K2
double[] temp6=new double[ndim];
double[] temp7;//K3
double temp8;
double[] temp9=new double[ndim];
double[] temp10;//K4
for (int i=0; i < n; i++)
{
    for (int j=0; j < ndim; j++)
    {
        temp1[j]=result[j+1][i];
    }
    temp2=f(result[0][i], temp1);
    temp3=result[0][i]+h/2;
    for (int j=0; j < ndim; j++)
    {
        temp4[j]=temp2[j]*h/2+result[j+1][i];
    }
    temp5=f(temp3, temp4);//K2
    for (int j=0; j < ndim; j++)
    {
        temp6[j]=temp5[j]*h/2+result[j+1][i];
    }
    temp7=f(temp3, temp6);//K3
    temp8=result[0][i]+h;
    for (int j=0; j < ndim; j++)
    {
        temp9[j]=temp7[j]*h+result[j+1][i];//K4
    }
    temp10=f(temp8, temp9);//K4
    for (int j=0; j < ndim; j++)
    {
        result[j+1][i+1]=result[j+1][i]+h*(temp2[j]+2*
```

```
temp5[j]+2*temp7[j]+temp10[j])/6;
        }
    }
    return result;
}
```

程序中输入的函数为向量函数，函数的输出为数组。静态方法的输出为向量数组，第一个数组为自变量数组，第二个数组为方程的解。

9.3.2　算例介绍

求解下述常微分方程组：

$$\begin{cases} \dfrac{dy_1}{dx} = y_1 + 2y_2 \\ \dfrac{dy_2}{dx} = 3y_1 + 2y_2 \end{cases} \begin{cases} y_1(0) = 6 \\ y_2(0) = 4 \end{cases}$$

1. C++ 实现

在 Test 类中建立向量函数，使用 vector 容器，需要添加头文件如下：

```
#include <vector>
using namespace std;
```

向量函数的程序代码如下：

```
#pragma once
#include <cmath>
#include <vector>
using namespace std;
class Test
{
public:
    static vector<double> VecFun(double x, vector<double> y);
};
#include "Test.h"
vector<double> Test::VecFun(double x, vector<double> y)
{
    vector<double> vf(2);
    vf[0]=y[0]+2*y[1];
    vf[1]=3*y[0]+2*y[1];
```

```
    return vf;
}
```

在 C++ 主程序中调用龙格库塔法如下:

```
#include <iostream>
#include "Test.h"
#include "SolutionofDifferentialEquation.h"
int main()
{
    double a=0;
    double b=0.2;
    vector<double> y0={6, 4};
    int n=20;
    vector<RVector> r=
SolutionofDifferentialEquation::VectorRungeKuttaMethod(Test::Vec-
Fun, a, b, y0, n);
    cout<<"x="<<endl;
    RVector::ShowVector(r[0]);
    cout << "y1=" << endl;
    RVector::ShowVector(r[1]);
    cout << "y2=" << endl;
    RVector::ShowVector(r[2]);
}
```

计算结果如图 9-5 所示。

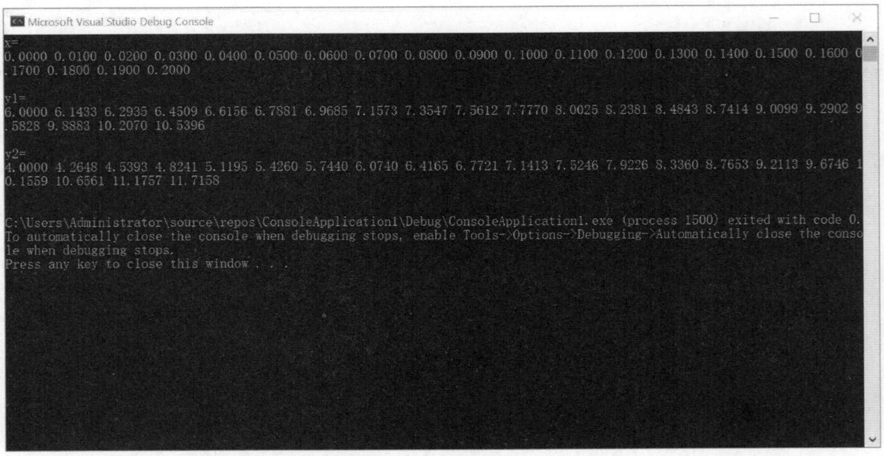

图 9-5　在 C++ 主程序中调用龙格库塔法求解常微分方程组结果示意图

2. C# 实现

在 C# 工程中新建向量函数的静态方法如下：

```
public static double[] VecFun(double x, double[] y)
{
    double[] vf=new double[2];
    vf[0]=y[0]+2*y[1];
    vf[1]=3*y[0]+2*y[1];
    return vf;
}
```

并在主程序中调用龙格库塔法的静态方法，计算程序如下：

```
using System;
namespace ConsoleApp1
{
    class Program
    {
        static void Main(string[] args)
        {
            double a=0;
            double b=0.2;
            double[] y0={6, 4};
            int n=20;
            RVector[] r=
SolutionofDifferentialEquation.VectorRungeKuttaMethod(Test.
VecFun, a, b, y0, n);
            Console.WriteLine("x=");
            RVector.ShowVector(r[0]);
            Console.WriteLine("y1=");
            RVector.ShowVector(r[1]);
            Console.WriteLine("y2=");
            RVector.ShowVector(r[2]);
            Console.ReadKey();
        }
    }
}
```

计算结果如图 9-6 所示。

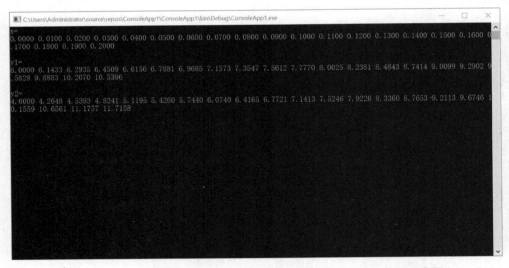

图 9-6　在 C# 主程序中调用龙格库塔法求解常微分方程组结果示意图

10 数值优化

数值优化在工程中应用较多，算法过程比较复杂，需要计算导数，求解线性方程组。按约束分类有约束问题与无约束问题。约束可分为线性约束与非线性约束，等式约束与不等式约束。从目标函数分类可分为单目标优化与多目标优化。从常见问题出发，有线性规划、二次规划、线性与非线性最小二乘优化。从优化算法讲有局部优化算法与全局优化算法，全局优化算法以遗传算法、粒子群算法、模拟退火算法为代表。本章主要介绍传统的单变量与多变量无约束函数优化问题的计算方法。

10.1 黄金分割法

黄金分割法要求目标函数 $f(x)$ 在区间 $[a, b]$ 内是单峰函数，存在极值。以求最小值为例，在区间内取左右两侧的 2 个黄金分割点 x_1 与 x_2，设 $x_1 < x_2$，比较 $f(x_1)$ 与 $f(x_2)$ 的值，如果 $f(x_1) < f(x_2)$，则舍去 a 点，令 $a = x_1$，在 x_1 至 b 之间加入新的黄金分割点 x_1，此时区间变为上次迭代区间的 0.618 倍；如果 $f(x_1) > f(x_2)$，则舍去 b 点，令 $b = x_2$，在 a 至 x_2 之间加入新的黄金分割点 x_2，此时区间变为上次迭代区间的 0.618 倍；不断循环迭代，减少搜索区间。循环终止条件可设为迭代次数，自变量 x_1 与 x_2 之间的差值小于设定值，或者 $f(x_1)$ 与 $f(x_2)$ 之间的差值小于设定值。

10.1.1 算法程序

黄金分割法采用 C++ 语言实现，在 C++ 项目中添加 NumericalOptimization 类，并添加以下头文件：

```
#pragma once
#include <cmath>
```

并在其 .h 文件中 public 下面添加单变量函数指针如下：

```
typedef double(*Function)(double);
```

添加黄金分割法静态成员函数的定义与内容如下：

```
static double GoldenMin(Function f, double a, double b);
double NumericalOptimization::GoldenMin(Function f, double a,
```

```
double b)
{
    double delta=1E-6;
    double tol=1E-6;
    double g=(sqrt(5)-1)/2;
    double h=b-a;
    double x1=a+(1-g)*(b-a);
    double x2=a+g*(b-a);
    double f1=f(x1);
    double f2=f(x2);
    int k=1;
    while (abs(f2-f1) > tol || h > delta)
    {
        k=k+1;
        if (f1 < f2)
        {
            b=x2;
            x2=x1;
            x1=a+(1-g)*(b-a);
            f2=f1;
            f1=f(x1);
            h=b-a;
        }
        else
        {
            a=x1;
            x1=x2;
            x2=a+g*(b-a);
            f1=f2;
            f2=f(x2);
            h=b-a;
        }
    }
    return (a+b)/2;
}
```

10.1.2　算例介绍

求函数 $f(x)=\dfrac{x^2}{10}+\sin(x)$ 在 0~4 的最大值。求函数 $g(x)=-\dfrac{x^2}{10}-\sin(x)$ 在目标区间内的最小值。

在 C++ 项目中添加 Test 类，并在类中添加公有静态成员函数 Fun 如下：

```cpp
#pragma once
#include <cmath>
class Test
{
public:
      static double Fun(double x);
};
double Test::Fun(double x)
{
      return -x*x/10-sin(x);
}
```

在 C++ 主程序中添加数值优化类的头文件 NumericalOptimization.h 并调用黄金分割法的程序如下：

```cpp
#include <iostream>
#include "Test.h"
#include "NumericalOptimization.h"
using namespace std;
int main()
{
    double a=0;
    double b=4;
    double x;
    double g;
    double f;
    x=NumericalOptimization::GoldenMin(Test::Fun, a, b);
    g=Test::Fun(x);
    f=-g;
    cout << "x=" << endl;
```

```
    cout << fixed << setprecision(4) <<x << endl;
    cout << "f=" << endl;
    cout << fixed << setprecision(4) << f << endl;
}
```

计算结果如图 10-1 所示。

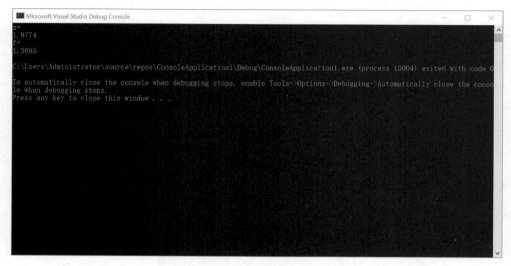

图 10-1　在 C++ 主程序中调用黄金分割法进行数值优化结果示意图

10.2　二次插值法

　　二次插值法求解函数 $f(x)$ 的极小值，同样要求函数在区间内满足单峰函数，初始状态给定 3 个点 x_1、x_2 与 x_3 且满足 $x_1 < x_2 < x_3$，用这 3 个点及其函数值拟合一条二次函数。用二次函数的最小值所在位置 x_4 为函数 $f(x)$ 新的预测点。如果 $f(x_4) < f(x_2)$ 且 $x_4 < x_2$，则从 4 个点中舍去 x_3；如果 $f(x_4) < f(x_2)$ 且 $x_4 > x_2$，则从 4 个点中舍去 x_1；如果 $f(x_4) > f(x_2)$ 且 $x_4 > x_2$，则从 4 个点中舍去 x_3；如果 $f(x_4) > f(x_2)$ 且 $x_4 < x_2$ 则从 4 个点中舍去 x_1。将剩下 3 个点从小到大重新组成 3 个点，继续拟合二次函数。舍去点的原则是使得函数的极值继续保持在新组成的 3 个点范围内。与黄金分割法相比较，二次插值法收敛速度更快，但是并不十分稳定，对某些初始值不能收敛。

10.2.1　算法程序

　　二次插值法采用 C++ 语言实现，在 NumericalOptimization 类的 .h 文件与 .cpp 文件中添加如下程序：

```
static double QuadMin(Function f, double a, double b, double x0);
double NumericalOptimization::QuadMin(Function f, double a, dou-
ble b, double x0)
{
    double tol=1E-6;
    double x1=a;
    double x2=x0;
    double x3=b;
    double fx1=f(x1);
    double fx2=f(x2);
    double fx3=f(x3);
    double fx4;
    double x4=0;
    double x5=x2;
    double er;
    do
    {
        x4=(x1+x2)/2-(fx2-fx1)*(x3-x1)*(x3-x2)/(2*(x2-
x1)*(fx3-fx2)-2*(fx2-fx1)*(x3-x2));
        fx4=f(x4);
        if (fx4 < fx2 && x4 < x2)
        {
            x3=x2;
            x2=x4;
            fx3=fx2;
            fx2=fx4;
        }
        else if (fx4<fx2 && x4>x2)
        {
            x1=x2;
            x2=x4;
            fx1=fx2;
            fx2=fx4;
        }
        else if (fx4 > fx2 && x4 < x2)
        {
            x1=x4;
```

```
                    fx1=fx4;
                }
                else if (fx4 > fx2 && x4 > x2)
                {
                    x3=x4;
                    fx3=fx4;
                }
                er=abs(x4-x5);
                x5=x4;
        } while (er > tol);
        return x5;
}
```

程序中 x5 用于保存迭代结果和比较相邻两次结果之间差的绝对值，控制迭代次数。

10.2.2 算例介绍

求函数 $f(x)=x^6-11x^3+17x^2-7x+1$ 在 0~1 的最小值。

将 Test 类中的公有静态成员函数 Fun 内容更改如下：

```
double Test::Fun(double x)
{
        return pow(x, 6)-11*pow(x, 3)+17*x*x-7*x+1;
}
```

在 C++ 主程序中调用二次插值的公有静态函数如下：

```
#include <iostream>
#include "Test.h"
#include "NumericalOptimization.h"
using namespace std;
int main()
{
        double a=0;
        double b=1;
        double x0=0.4;
        double x;
```

```
double f;
x=NumericalOptimization::QuadMin(Test::Fun, a, b, x0);
f=Test::Fun(x);
cout << "x=" << endl;
cout << fixed << setprecision(4) << x << endl;
cout << "f=" << endl;
cout << fixed << setprecision(4) << f << endl;
}
```

二次插值函数的初始值选择，除了 0.5 之外，其他 0 与 1 之间的数均可收敛到正确的数值。由于 0.5 正好为 0 与 1 的中点，没有构造出合适的 x_4，迭代更新失败，但是这种情况并不是每个函数都会出现。

计算结果如图 10-2 所示。

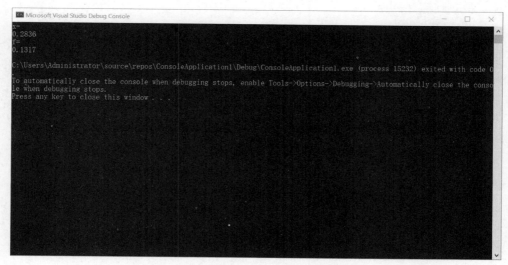

图 10-2　在 C++ 主程序中调用二次插值法进行数值优化结果示意图

10.3　最速下降法

最速下降法针对多变量函数的优化问题，计算思路就是求函数的梯度，以负梯度方向搜索，改变步长 h，寻找函数的局部最小值，然后以此数值为起点，又一次继续寻找负梯度方向，又一次改变步长，继续搜索最小值，不断循环。搜索最佳步长的方法主要是采用黄金分割法与二次插值法。此处采用黄金分割法获得最佳步长。

10.3.1　算法程序

C++ 语言描述的最速下降法程序中，为了方便多变量运算，采用 RVector 向量类表示多元函数自变量，同时函数也返回 RVector 向量类，表示函数的最小值。公有静态成员函数如下：

```
static RVector MultiVarGradientMin(MultiVarFunction f, RVector
x0);
RVector
NumericalOptimization::MultiVarGradientMin(MultiVarFunction  f,
RVector x0)
{
    RVector x1;
    RVector x2=x0;
    double dx=1E-4;
    double delta=1E-4;
    double tol=1E-4;
    RVector G;
    RVector p;
    double h;
    RVector xr;
    RVector xs;
    RVector xt;
    double fr;
    double fs;
    double ft;
    double g=(sqrt(5)-1)/2;
    RVector t1;
    RVector t2;
    double ft1;
    double ft2;
    double fx1;
    double fx2;
    int k;
    do
    {
        x1=x2;
        fx1=f(x1);
```

```
G=NumericalDifferentiation::Gradient(f, x1, dx);
p=-G/RVector::Norm(G);
h=1;
xr=x1;
xs=x1+h/2*p;
xt=x1+h*p;
fr=f(xr);
fs=f(xs);
ft=f(xt);
do
{
      if (fr < fs)
      {
            xt=xs;
            ft=fs;
            h=h/2;
            xs=xr+h/2*p;
            fs=f(xs);
      }
      else if (ft < fs)
      {
            xs=xt;
            fs=ft;
            h=2*h;
            xt=xr+h*p;
            ft=f(xt);
      }
      else
            break;
} while (true);
t1=xr+(1-g)*h*p;
t2=xr+g*h*p;
ft1=f(t1);
ft2=f(t2);
k=1;
while (h > delta || abs(ft2-ft1) > tol)
{
```

```
                k=k+1;
                if (ft1 < ft2)
                {
                        xt=t2;
                        t2=t1;
                        h=h*g;
                        t1=xr+(1-g)*h* p;
                        ft2=ft1;
                        ft1=f(t1);
                }
                else
                {
                        xr=t1;
                        t1=t2;
                        h=h*g;
                        t2=xr+g*h*p;
                        ft1=ft2;
                        ft2=f(t2);
                }
        }
        x2=(xr+xt)/2;
        fx2=f(x2);
    } while (RVector::Norm(x2-x1) > delta || abs(fx2-fx1) >
tol);
    return x2;
}
```

C++ 程序中，x_r、x_s 与 x_t 的作用是从每次计算的初始点 x_0 找到负梯度方向的极值范围，使得极值在 x_r 与 x_t 之间。然后定义 t_1 与 t_2 为 x_r 与 x_t 之间的黄金分割点，采用黄金分割法获得最佳的步长，找到沿负梯度方向的最小值，记为 x_2。x_1 为了存储相邻两次搜索结果，比较 x_1 与 x_2 之间的差或者函数值的差的绝对值，控制循环次数。

10.3.2 算例介绍

计算函数 $f(x,y)=\dfrac{x-y}{x^2+y^2+2}$ 的最小值，初始值取在点（-3，-2）处。

采用 C++ 语言计算，多元函数以 Test 类的静态成员函数的形式出现，程序如下：

```
#pragma once
#include <cmath>
#include "RVector.h"
using namespace std;
class Test
{
public:
    static double Fun3(RVector x);
};
double Test::Fun(RVector x)
{
    return  (x[0]-x[1])/(x[0]*x[0]+x[1]*x[1]+2);
}
```

在 C++ 语言主程序中调用最速下降法的静态成员函数如下:

```
#include <iostream>
#include "Test.h"
#include "NumericalOptimization.h"
using namespace std;
int main()
{
    vector<double> x0={-3,-2};
    RVector X0(x0);
    double f;
    RVector X=
NumericalOptimization::MultiVarGradientMin(Test::Fun, X0);
    cout << "x=" << endl;
    RVector::ShowVector(X);
    f=Test::Fun3(X);
    cout << "f=" << endl;
    cout <<fixed<<setprecision(4)<< f << endl;
}
```

计算结果如图 10-3 所示。

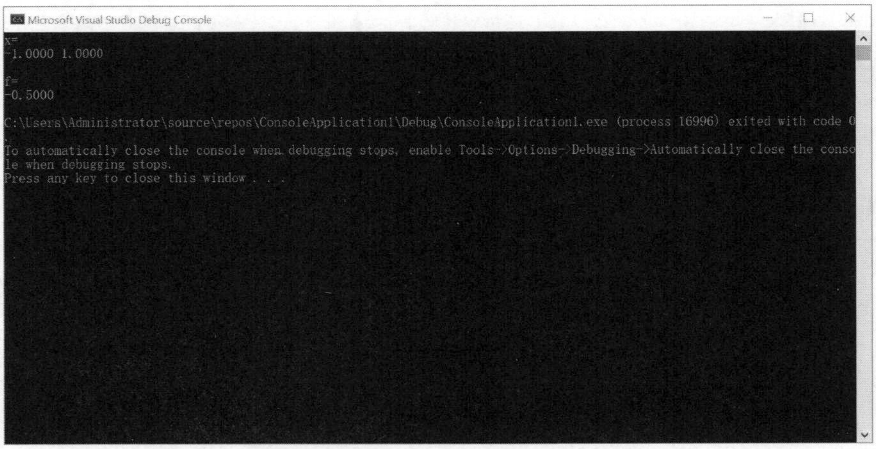

图 10-3　在 C＋＋主程序中调用最速下降法进行数值优化结果示意图

10.4　牛顿梯度法

牛顿梯度法求解单变量与多变量函数的最小值，当自变量取得极值时，函数对各个变量的偏导数等于 0。求解函数偏导数等于 0，就是求解偏导函数的非线性方程零点，同样采用牛顿梯度法求解非线性方程，梯度的梯度就要用到海森矩阵。

对于多元函数二阶泰勒展开

$$f(\boldsymbol{x}) = f(\boldsymbol{x}_0) + \nabla f(\boldsymbol{x}_0)(\boldsymbol{x} - \boldsymbol{x}_0) + \frac{1}{2}(\boldsymbol{x} - \boldsymbol{x}_0)H_f(\boldsymbol{x}_0)(\boldsymbol{x} - \boldsymbol{x}_0)'$$

当函数在 $\boldsymbol{x}$ 取得极值时

$$\nabla f(\boldsymbol{x}) = 0 \text{ 或 } \nabla f(\boldsymbol{x}_0) + (\boldsymbol{x} - \boldsymbol{x}_0)H_f(\boldsymbol{x}_0)' = 0$$

当 $\boldsymbol{x}_0$ 在极值附近时，必然 $H_f(\boldsymbol{x}_0) \neq 0$，则

$$\boldsymbol{x} = \boldsymbol{x}_0 - \nabla f(\boldsymbol{x}_0)(H_f(\boldsymbol{x}_0)^{-1})'$$

改写为迭代式即为

$$\boldsymbol{x}_{n+1} = \boldsymbol{x}_n - \nabla f(\boldsymbol{x}_n)(H_f(\boldsymbol{x}_n)^{-1})'$$

通常情况下，求解海森矩阵的逆矩阵效率比较低，改为求解线性方程组

$$H_f(\boldsymbol{x}_n)\boldsymbol{v}_n = \nabla f(\boldsymbol{x}_n)$$
$$\boldsymbol{x}_{n+1} = \boldsymbol{x}_n - \boldsymbol{v}_n$$

10.4.1   算法程序

C++ 语言描述的牛顿梯度法需要用到计算梯度与海森矩阵，以及求解线性方程组，故在 NumericalOptimization 类的 .h 文件前面添加以下两个类的头文件：

```
#include "NumericalDifferentiation.h"
#include "SolutionofLinearEquations.h"
```

同时在 C++ 项目文件添加以上两个类的文件：.h 文件与 .cpp 文件。

牛顿梯度法的成员函数定义与内容如下：

```
static RVector MultiVarNewtonMin(MultiVarFunction f, RVector x0);
RVector  NumericalOptimization::MultiVarNewtonMin(MultiVarFunc-
tion f, RVector x0)
{
      double dx=1E-4;
      RVector x1;
      RVector x2=x0;
      RVector v;
      RVector B;
      double tol=1E-4;
      double er;
      do
      {
          x1=x2;
          B=NumericalDifferentiation::Gradient(f, x1, dx);
          RMatrix A=NumericalDifferentiation::Hessian(f, x1, dx);
          v=SolutionofLinearEquations::Gauss(A, B);
          er=RVector::Norm(v);
          x2=x1-v;
      } while (er > tol);
      return x2;
}
```

此程序中调用高斯消元法求解线性方程组。

10.4.2   算例介绍

计算函数 $f(x,y)=\dfrac{x-y}{x^2+y^2+2}$ 的最小值，初始值取在点 $(-0.3, 0.2)$ 处。

　　多元函数定义在 Test 类中，在 C++ 语言主程序中调用牛顿梯度法的静态成员函数如下：

```cpp
#include <iostream>
#include "Test.h"
#include "NumericalOptimization.h"
using namespace std;
int main()
{
    vector<double> x0={-0.3,0.2};
    RVector X0(x0);
    double f;
    RVector X=
NumericalOptimization::MultiVarNewtonMin(Test::Fun, X0);
    cout << "x=" << endl;
    RVector::ShowVector(X);
    f=Test::Fun(X);
    cout << "f=" << endl;
    cout <<fixed<<setprecision(4)<< f << endl;
}
```

　　计算结果如图 10-4 所示。

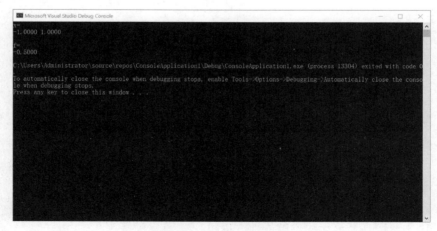

图 10-4　在 C++ 主程序中调用牛顿梯度法进行数值优化结果示意图

　　如果初始值与上个例子选为一样，为点（-3，-2），牛顿梯度法不收敛，计算不出最小值。

11   统计基础

本章主要介绍统计的基础函数，比如随机数的生成方法，向量的排序方法，向量的统计函数，矩阵的统计函数，其中统计函数主要指最大值，最小值，平均值，标准差等统计函数。

11.1   随机数

统计中用到的随机数是伪随机数，主要包括满足均匀分布的随机数与满足正态分布的随机数。其中 C++ 与 C# 均可以自动生成均匀分布随机数，正态分布随机数需要算法实现。

1. C++ 实现

（1）均匀分布随机数

C++ 中均匀分布随机数采用 rand 函数，如果需要每次程序运行结果不同，则可以初始化随机数发生器 srand，初始化种子可以选择 time：

```
srand((unsigned)time(NULL));
```

rand 函数生成的是整数，范围为 0~RAND_MAX。

如果要取得 [a，b) 的随机整数，使用：

```
(rand()%(b-a))+ a;
```

如果要取得 0~1 的浮点数，可以使用：

```
rand()/double(RAND_MAX)
```

C++ 中实现均匀分布随机数程序，在 RVector 类中添加以下静态成员函数分别生成 0~1 随机数和随机向量。

```
static double UniformRandom();
static RVector UniformRandomVector(int ndim);
double RVector::UniformRandom()
{
```

```
    srand((unsigned)time(NULL));
    return rand()/double(RAND_MAX);
}
RVector RVector::UniformRandomVector(int ndim)
{
    if (ndim <= 0)
    {
        throw "Error";
    }
    RVector result(ndim);
    srand((unsigned)time(NULL));
    for (int i=0; i < ndim; i++)
    {
        result[i]=rand()/double(RAND_MAX);
    }
    return result;
}
```

（2）正态分布随机数

无论是 C++ 还是 C# 均采用 Box–Muller 算法构造正态分布随机数。基本思想：先得到服从均匀分布的随机数；然后再将服从均匀分布的随机数转变为服从正态分布。如果 u 与 v 为 [-1，1] 之间的均匀分布随机数，则 z_1 与 z_2 为满足 $N(0，1)$ 分布的随机数，且相互独立

$$s = u^2 + v^2, z_1 = u\sqrt{\frac{-2\log s}{s}}, z_2 = v\sqrt{\frac{-2\log s}{s}}$$

从上式可以看出，z_1 和 z_2 要求 s 不能等于 0，若不满足，则重新生成 u 与 v。

C++ 生成满足 $N(0,1)$ 正态分布随机数静态成员函数如下：

```
static RVector NormalRandomVector(int ndim);
RVector RVector::NormalRandomVector(int ndim)
{
    if (ndim <= 0)
    {
        throw "Error";
    }
    RVector v(ndim);
    srand((unsigned)time(NULL));
```

```
double fac, rsq, v1, v2, gset1;
double gset2=0;
double it=0;
for (int i=0; i < ndim; i++)
{
    if (it == 0)
    {
        do
        {
            v1=2*rand()/double(RAND_MAX)-1.0;
            v2=2*rand()/double(RAND_MAX)-1.0;
            rsq=v1*v1+v2*v2;
        } while (rsq >= 1.0 || rsq == 0.0);
        fac=sqrt(-2.0*log(rsq)/rsq);
        gset1=v1*fac;
        gset2=v2*fac;
        v[i]=gset1;
        it=1;
    }
    else
    {
        v[i]=gset2;
        it=0;
    }
}
return v;
}
```

2. C# 实现

C# 中生成均匀分布的随机数采用 Random 类，条用格式如下：Random rd=new Random( )，rd.Next(a,b) 生成 a~b 之间的整数，rd.NextDouble( ) 生成浮点数。

C# 实现均匀分布随机数与正态分布随机数。

在 RVector 类中添加公有静态方法，用于生成满足 $U(0,1)$ 分布的随机数如下：

```
public static RVector UniformRandomVector(int ndim)
{
```

```
    if (ndim <= 0)
    {
        throw new Exception("Error");
    }
    RVector result=new RVector(ndim);
    Random random=new Random();
    for (int i=0; i < ndim; i++)
    {
        result[i]=random.NextDouble();
    }
    return result;
}
```

生成位于 min 与 max 之间的随机数向量：

```
public static RVector UniformRandomVector(int ndim, double min,
double max)
{
    if (ndim <= 0)
    {
        throw new Exception("Error");
    }
    RVector result=new RVector(ndim);
    Random random=new Random();
    for (int i=0; i < ndim; i++)
    {
        result[i]=(max-min)*random.NextDouble()+min;
    }
    return result;
}
```

在 RVector 中添加公有静态方法，用于生成满足 $N(0,1)$ 分布的随机数如下：

```
public static RVector NormalRandomVector(int ndim)
{
    if (ndim <= 0)
    {
        throw new Exception("Error");
    }
```

11 统计基础 169

```
        RVector v=new RVector(ndim);
        Random r=new Random();
        double fac, rsq, v1, v2, gset1;
        double gset2=0;
        double it=0;
        for (int i=0; i < ndim; i++)
        {
            if (it == 0)
            {
                do
                {
                    v1=2.0*r.NextDouble()-1.0;
                    v2=2.0*r.NextDouble()-1.0;
                    rsq=v1*v1+v2*v2;
                } while (rsq >= 1.0 || rsq == 0.0);
                fac=Math.Sqrt(-2.0*Math.Log(rsq)/rsq);
                gset1=v1*fac;
                gset2=v2*fac;
                v[i]=gset1;
                it=1;
            }
            else
            {
                v[i]=gset2;
                it=0;
            }
        }
    return v;
}
```

对于生成均值为 μ，标准差为 σ 随机数向量。假设 x 为满足 $N(0,1)$ 分布的随机数，则 $y = \sigma x + \mu$ 满足要求。

```
public static RVector NormalRandomVector(int ndim, double mu,
double sig)
{
    return mu+sig*NormalRandomVector(ndim);
}
```

11.2　随机排序

随机排序是指将给定向量随机打乱次序，重新排序。在神经网络中将数据随机分割成训练集与测试集，需要对数据随机排序。

1. C++ 实现

在 RVector 类的 .h 文件中加入以下头文件：

```
#include <algorithm>
```

并在类中添加以下静态成员函数的定义与内容，重排过程是调用 C++ 内置函数 random_shuffle，而 srand((unsigned)time(NULL)); 是建立随机数初始化种子，使得程序每次运行结果均不同。

```
static RVector RandomShuffle(RVector v);
RVector RVector::RandomShuffle(RVector v)
{
    srand((unsigned)time(NULL));
    random_shuffle(v.vector.begin(), v.vector.end());
    return v;
}
```

C++ 中实现重排的一种算法是：随机抽中一个数，将这个数与当前序列中的最后一个数交换，然后再随机抽中一个数，与当前序列的倒数第二个交换，一直循环交换到第一个数。一共交换 n 次即完成随机排序。

```
static RVector RandomShuffle(RVector v);
RVector RVector::RandomShuffle(RVector v)
{
    srand((unsigned)time(NULL));
    RVector result(v);
    for (int i=v.GetLength-1; i >= 0; i--)
    {
        int index=(rand() % (i+1));
        double temp=result[index];
        result[index]=result[i];
        result[i]=temp;
    }
```

```
    return result;
}
```

2. C# 实现

C# 中可以采用与 C++ 相同的算法实现重排，具体程序如下：

```
public static RVector RandomShuffle(RVector v)
{
    Random r=new Random();
    RVector result=v.Clone();
    for (int i=v.GetLength-1; i >= 0; i--)
    {
        int index=r.Next(i);
        double temp=result[index];
        result[index]=result[i];
        result[i]=temp;
    }
    return result;
}
```

另外还有一种算法，即利用 List 从数组中随机抽取一个数，利用 Insert 方法，添加进结果数组中，foreach 循环语句保证数组中的数不会被重复选择，所有数据添加完毕即实现了重新排序。最后将 List 转化为数组，再将数组转化为向量输出。

```
public static RVector RandomShuffle(RVector v)
{
    Random random=new Random();
    List<double> rlist=new List<double>();
    foreach (double item in v.vector)
    {
        rlist.Insert(random.Next(rlist.Count+1), item);
    }
    double[] rvector=rlist.ToArray();
    RVector r=new RVector(rvector);
    return r;
}
```

C++ 中也可以采用类似 C# 的算法实现序列随机排序。

11.3 向量统计函数

在数据统计过程中，经常会用到取一组数据的最大值、最小值、平均值、标准差等，C++ 与 C# 程序实现都比较简单。

1. C++ 实现

在 RVector.h 中添加以下静态成员函数的定义：

```cpp
static double Max(RVector v);
static double Min(RVector v);
static double Sum(RVector v);
static double StandardDeviation(RVector v);
static double Variance(RVector v);
static double Covariance(RVector x, RVector y);
static double Correlation(RVector x, RVector y);
static RVector MinMaxNormalization(RVector v);
static RVector ZeroScoreNormalization(RVector v);
static double Distance(RVector x, RVector y);
```

在 RVector.cpp 中添加以下静态成员函数的内容：

（1）最大值

```cpp
double RVector::Max(RVector v)
{
    double r=*max_element(v.vector.begin(), v.vector.end());
    return r;
}
```

（2）最小值

```cpp
double RVector::Min(RVector v)
{
    double r=*min_element(v.vector.begin(),v.vector.end());
    return r;
}
```

（3）和

```cpp
double RVector::Sum(RVector v)
```

```
{
        double r=0;
        int n=v.ndim;
        for (int i=0; i < n; i++)
        {
                r += v[i];
        }
        return r;
}
```

（4）标准差

```
double RVector::StandardDeviation(RVector v)
{
        double result=Variance(v);
        result=sqrt(result);
        return result;
}
```

（5）方差

```
double RVector::Variance(RVector v)
{
        double average=Average(v);
        double result=0;
        for (int i=0; i < v.ndim; i++)
        {
                result += (v[i]-average)*(v[i]-average);
        }
        result=result/v.ndim;
        return result;
}
```

（6）协方差

```
double RVector::Covariance(RVector x, RVector y)
{
        if (x.GetLength() != y.GetLength())
        {
                throw "Error!";
```

```
        }
        int ndim=x.GetLength();
        double r=0;
        for (int i=0; i < ndim; i++)
        {
                r += (x[i]-Average(x))*(y[i]-Average(y))/ndim;

        }
        return r;
}
```

（7）相关系数

```
double RVector::Correlation(RVector x, RVector y)
{
        if (x.GetLength() != y.GetLength())
        {
                throw "Error!";
        }
        int ndim=x.GetLength();
        double r;
        double sigma1=Variance(x);
        double sigma2=Variance(y);
        double covxy=Covariance(x, y);
        r=covxy/sqrt(sigma1*sigma2);
        return r;
}
```

（8）Min-Max 标准化

```
RVector RVector::MinMaxNormalization(RVector v)
{
        int n=v.ndim;
        RVector r(n);
        for (int i=0; i < n; i++)
        {
                r[i]=(v[i]-Min(v))/(Max(v)-Min(v));
        }
        return r;
```

```
}
```

（9）Z-score 标准化

```
RVector RVector::ZeroScoreNormalization(RVector v)
{
    int ndim=v.ndim;
    RVector r(ndim);
    for (int i=0; i < ndim; i++)
    {
        r[i]=(v[i]-Average(v))/StandardDeviation(v);
    }
    return r;
}
double RVector::Distance(RVector x, RVector y)
{
    if (x.GetLength() != y.GetLength())
    {
        throw "Error";
    }
    double r=0;
    for (int i=0; i < x.GetLength(); i++)
    {
        r += (x[i]-y[i])*(x[i]-y[i]);
    }
    r=sqrt(r);
    return r;
}
```

2. C# 实现

（1）最大值

```
public static double Max(RVector v)
{
    double r=v.vector.Max();
    return r;
}
```

（2）最小值

```
public static double Min(RVector v)
{
    double r=v.vector.Min();
    return r;
}
```

（3）和

```
public static double Sum(RVector v)
{
    double result=0;
    for (int i=0; i < v.ndim; i++)
    {
        result += v[i];
    }
    return result;
}
```

（4）平均值

```
public static double Average(RVector v)
{
    double result=0;
    for (int i=0; i < v.ndim; i++)
    {
        result += v[i];
    }
    result=result/v.ndim;
    return result;
}
```

（5）方差

```
public static double Variance(RVector v)
{
    double average;
    average=Average(v);
    double result=0;
```

```
    for (int i=0; i < v.ndim; i++)
    {
        result += (v[i]-average)*(v[i]-average);
    }
    result=result/v.ndim;
    return result;
}
```

（6）标准差

```
public static double StandardDeviation(RVector v)
{
    double result=Variance(v);
    result=Math.Sqrt(result);
    return result;
}
```

（7）范数

```
public static double Norm(RVector v)
{
    double result=0;
    for (int i=0; i < v.ndim; i++)
    {
        result += v[i]*v[i];
    }
    result=Math.Sqrt(result);
    return result;
}
```

（8）协方差

```
public static double Covariance(RVector x, RVector y)
{
    if (x.GetLength != y.GetLength)
    {
        throw new Exception("Error!");
    }
    int ndim=x.GetLength;
    double r=0;
```

```
    for (int i=0; i < ndim; i++)
    {
        r += (x[i]-Average(x))*(y[i]-Average(y))/ndim;
    }
    return r;
}
```

（9）相关系数

```
public static double Correlation(RVector x, RVector y)
{
    if (x.GetLength != y.GetLength)
    {
        throw new Exception("Error!");
    }
    int ndim=x.GetLength;
    double r;
    double sigma1=Variance(x);
    double sigma2=Variance(y);
    double covxy=Covariance(x, y);
    r=covxy/Math.Sqrt(sigma1*sigma2);
    return r;
}
```

对比 C++ 与 C# 语言的成员函数，仅最大值和最小值因为调用系统函数的原因有所不同，其他均相同。

11.4 矩阵统计函数

对于矩阵，同样可以求其列向量的最大值、最小值、和、平均值、标准差、方差。对于矩阵同样存在协方差矩阵与相关系数矩阵。对于矩阵的每列数据，同样可以对其做标准化处理，分别是 min-max 标准化和 zero-score 标准化。此处仅展示 C++ 语言描述的函数，分别在 C++ 矩阵类的 RMatrix.h 文件中添加静态成员函数如下：

```
static RVector Max(RMatrix m);
static RVector Min(RMatrix m);
static RVector Sum(RMatrix m);
```

```cpp
static RVector Average(RMatrix m);
static RVector StandardDeviation(RMatrix m);
static RVector Variance(RMatrix m);
static RMatrix CovarianceMatrix(RMatrix m);
static RMatrix CorrelationMatrix(RMatrix m);
static RMatrix MinMaxNormalization(RMatrix m);
static RMatrix ZeroScoreNormalization(RMatrix m);
```

在矩阵类 **RMatrix.cpp** 文件中添加以下成员函数的具体内容：

```cpp
RVector RMatrix::Max(RMatrix m)
{
      RVector r(m.nCols);
      for (int i=0; i < m.nCols; i++)
      {
            r[i]=RVector::Max(RMatrix::GetColVector(m, i));
      }
      return r;
}
RVector RMatrix::Min(RMatrix m)
{
      RVector r(m.nCols);
      for (int i=0; i < m.nCols; i++)
      {
            r[i]=RVector::Min(RMatrix::GetColVector(m, i));
      }
      return r;
}
RVector RMatrix::Sum(RMatrix m)
{
      RVector r(m.nCols);
      RVector v(m.nRows);
      for (int i=0; i < m.nCols; i++)
      {
            v=RMatrix::GetColVector(m, i);
            r[i]=RVector::Sum(v);
      }
      return r;
```

```
}
RVector RMatrix::Average(RMatrix m)
{
      RVector r(m.nCols);
      for (int i=0; i < m.nCols; i++)
      {
            r[i]=RVector::Average(RMatrix::GetColVector(m, i));
      }
      return r;
}
RVector RMatrix::StandardDeviation(RMatrix m)
{
      RVector r=Variance(m);
      r=RVector::Sqrt(r);
      return r;
}
RVector RMatrix::Variance(RMatrix m)
{
      int ndim=m.nCols;
      RVector r(ndim);
      RVector v(m.nRows);
      for (int i=0; i < ndim; i++)
      {
            v=RMatrix::GetColVector(m, i);
            r[i]=RVector::Variance(v);
      }
      return r;
}
RMatrix RMatrix::CovarianceMatrix(RMatrix m)
{
      int ndim=m.nCols;
      RMatrix r(ndim);
      RVector x(m.nRows);
      RVector y(m.nRows);
      for (int i=0; i < ndim; i++)
      {
            for (int j=0;j < ndim; j++)
```

```
            {
                    x=RMatrix::GetColVector(m, i);
                    y=RMatrix::GetColVector(m, j);
                    r[i][j]=RVector::Covariance(x, y);
            }
        }
        return r;
}
RMatrix RMatrix::CorrelationMatrix(RMatrix m)
{
        int ndim=m.nCols;
        RMatrix r(ndim);
        RVector x(m.nRows);
        RVector y(m.nRows);
        for (int i=0; i < ndim; i++)
        {
                for (int j=0; j < ndim; j++)
                {
                        x=RMatrix::GetColVector(m, i);
                        y=RMatrix::GetColVector(m, j);
                        r[i][j]=RVector::Correlation(x, y);
                }
        }
        return r;
}
RMatrix RMatrix::MinMaxNormalization(RMatrix m)
{
        RMatrix r(m.nRows, m.nCols);
        RVector min=Min(m);
        RVector max=Max(m);
        for (int i=0; i < m.nRows; i++)
        {
                for (int j=0; j < m.nCols; j++)
                {
                        r[i][j]=(m[i][j]-min[j])/(max[j]-min[j]);
                }
        }
}
```

```
        return r;
}
RMatrix RMatrix::ZeroScoreNormalization(RMatrix m)
{
        RMatrix r(m.nRows, m.nCols);
        RVector average=Average(m);
        RVector std=StandardDeviation(m);
        for (int i=0; i < m.nRows; i++)
        {
                for (int j=0; j < m.nCols; j++)
                {
                        r[i][j]=(m[i][j]-average[j])/std[j];
                }
        }
        return r;
}
```

无论是 C++ 还是 C# 语言，本章程序都没有给出具体算例。

12   偏微分方程

数值方法中的偏微分方程求解主要指二阶线性偏微分方程。二阶线性偏微分方程可以分为椭圆型、抛物型、双曲型以及偏微分方程。对于简单的线性偏微分方程存在解析解，而对于复杂的偏微分方程，不存在解析解。本章内容与绝大多数教材相同，只介绍有限差分法求解线性偏微分方程。对于三维空间的复杂偏微分方程组，比如流体力学的 N–S 方程，采用有限体积法求解。弹性力学方程则更多采用有限元法求解。由于普遍存在的各种数值模拟软件，一维偏微分方程数值求解的实际工程意义并不大，更多的是引导如何求解简单的偏微分方程。

12.1   椭圆型方程

简单的椭圆型方程包括拉普拉斯方程 $\dfrac{\partial^2 u}{\partial x^2} + \dfrac{\partial^2 u}{\partial y^2} = 0$，泊松方程 $\dfrac{\partial^2 u}{\partial x^2} + \dfrac{\partial^2 u}{\partial y^2} = g(x, y)$，以及亥姆霍茨方程 $\dfrac{\partial^2 u}{\partial x^2} + \dfrac{\partial^2 u}{\partial y^2} + f(x, y)u = g(x, y)$。

以拉普拉斯方程为例，方程左边是二阶偏导数，可以插值表示为

$$\frac{u(x+h, y) + u(x-h, y) + u(x, y+h) + u(x, y-h) - 4u(x, y)}{h^2} = 0$$

$$u_{i,j} = u(x, y)$$

$$u_{i+1,j} = u(x+h, y)$$

通常用 $u_{i-1,j} = u(x-h, y)$ 表示，方程可以简写为

$$u_{i,j+1} = u(x, y+h)$$

$$u_{i,j-1} = u(x, y-h)$$

$$u_{i+1,j} + u_{i-1,j} + u_{i,j+1} + u_{i,j-1} - 4u_{i,j} = 0$$

偏微分方程的边界条件分为三类：第一类是给定边界上的值；第二类是给定边界上的导数值；第三类是第一类与第二类的结合。

以第一类边界条件为例，而且拉普拉斯方程定义在矩形区域内，(x, y) 属于 $[0, a] \times [0, b]$ 的区域，其中下边界为 $u(x, 0) = f_1(x)$，上边界为 $u(x, b) = f_2(x)$，左边界为

$u(0, y) = f_3(x)$，右边界为 $u(a, y) = f_4(x)$。

　　将矩形区域划分网格后，边界上的数值可以直接由函数计算获得。内部数值可以采用雅可比迭代、高斯 – 赛德尔迭代或者 SOR 超松弛迭代法求解。

12.2　抛物型方程

　　简单的抛物型方程为 $\dfrac{\partial u}{\partial t} = c^2 \dfrac{\partial^2 u}{\partial x^2}$，称为热传导方程或者扩散方程。对于无限区域和半无限区域的简单边界条件，存在解析解。方程左侧是一阶偏导数，右侧是二阶偏导数，一阶导数可以采用向前差分、中心差分或者向后差分格式，二阶导数采用中心差分格式。对于均分网格，$t_{i+1} = t_i + k, t_{i-1} = t_i - k, x_{i+1} = x_i + h, x_{i-1} = x_i - h$，用 $u_{i,j} = u(t, x), u_{i+1,j} = u(t+k, y), u_{i-1,j} = u(t-k, y), u_{i,j+1} = u(t, x+h), u_{i,j-1} = u(t, x-h)$ 表示网格个点的数值。

　　向前差分格式为 $\dfrac{u_{i+1,j} - u_{i,j}}{k} = c^2 \dfrac{u_{i,j+1} - 2u_{i,j} + u_{i,j-1}}{h^2}$，写为显式为

$$u_{i+1,j} = r(u_{i,j+1} + u_{i,j-1}) + (1 - 2r)u_{i,j}$$
$$r = \frac{kc^2}{h^2}$$

当 $r > 0.5$ 时，该算法不稳定。

　　向后差分格式为 $\dfrac{u_{i+1,j} - u_{i,j}}{k} = c^2 \dfrac{u_{i+1,j+1} - 2u_{i+1,j} + u_{i+1,j-1}}{h^2}$，该格式是隐式的，需要求解线性方程组。

　　如果对时间坐标取向后差分，对空间坐标将向前差分格式和向后差分格式相加除以 2，可得克拉克 – 尼科尔森格式

$$\frac{u_{i+1,j} - u_{i,j}}{k} \quad -\left(\frac{u_{i+1,j+1} - 2u_{i+1,j} + u_{i+1,j-1}}{h^2} \quad \frac{u_{i,j+1} - 2u_{i,j} + u_{i,j-1}}{h^2} \right)$$

　　这个格式需要 6 个点的信息，也称为 6 点格式，在时间上相当于对 $i + \dfrac{1}{2}$ 取中心差分，精度高于向前差分格式与向后差分格式。

12.3 双曲型方程

双曲型方程 $\dfrac{\partial^2 u}{\partial t^2} = c^2 \dfrac{\partial^2 u}{\partial x^2}$，也称为波动方程，$u$ 的定义域为 $0 < t < a, 0 < x < b$。典型的波动方程的初始条件表示为 $u(0,x) = f(x)$，$u_t(0,x) = g(x)$，边界条件为 $u(t,0) = 0, u(t,b) = 0$。

对时间坐标和空间坐标均采用中心差分格式

$$\frac{\partial^2 u}{\partial t^2} = \frac{u_{i+1,j} - 2u_{i,j} + u_{i-1,j}}{k^2}, \quad \frac{\partial^2 u}{\partial x^2} = \frac{u_{i,j+1} - 2u_{i,j} + u_{i,j-1}}{h^2}$$

记 $r = \dfrac{ck}{h}$ 则

$$u_{i+1,j} = (2 - 2r^2)u_{i,j} + r^2(u_{i,j+1} + u_{i,j-1}) - u_{i-1,j}$$

根据已知的四个点计算下个时刻的 $u_{i+1,j}$ 值。为了保证算法的稳定性，必须使得 $r \leqslant 1$。

13 特征值与特征向量

求解矩阵的特征值与特征向量，在主成分分析、判别分析等机器学习方法中广泛应用。最基本的，计算矩阵的谱和条件数都需要用到矩阵的特征值。矩阵的特征值满足特征多项式，但是通过特征多项式计算矩阵的特征值，并不合适。主要是由于计算机用浮点数表示实数，会对特征多项式的系数产生误差，从而计算出来的特征值准确度很低。

根据一元 n 次多项式在复数范围内有 n 个根的性质，特征多项式有 n 个根，可能存在重根，特征值可能是复数，而特征向量的个数也不确定。

矩阵之间重要的概念是相似，对于矩阵 A 与 B，若存在矩阵 P，使得 $P^{-1}AP=B$，则说明矩阵 A 与 B 相似。如果矩阵有 n 个不同的特征向量，则矩阵可以对角化。

对于特殊的矩阵，例如 n 阶实对称矩阵，可以对角化，而且特征值是实数，特征向量之间相互正交，这类矩阵的应用比较广泛。

求解矩阵特征值的方法有幂法和移位反幂法。幂法的基本原理是矩阵反复迭代 $x_{n+1} = Ax_n$，迭代序列将收敛到绝对值最大的特征值，即矩阵的主特征值。与主特征值相对应的特征向量称为主特征向量。

移位反幂法，是利用矩阵 $A - \lambda I$ 的特征值与 A 矩阵的特征值之间差 λ。利用 $(A - \lambda I)^{-1}$，通过幂法找到其主特征值与特征向量，不断调整 λ，找到矩阵 A 的所有特征值与特征向量。

QR 分解法是求一般矩阵全部特征值的最有效且最广泛应用的方法。QR 分解是将矩阵分解为两个矩阵乘积，$A = QR$，其中 Q 为正交矩阵，R 为上三角矩阵。正交矩阵为满足 $QQ^T = I$ 的矩阵。

QR 分解主要有 3 种算法：第 1 种算法是利用 GramSchmidt 正交化求矩阵的 QR 分解；第 2 种算法是利用 Householder 变换求矩阵的 QR 分解；第 3 种算法是利用 Givens 变换求矩阵的 QR 分解。

本章将以 C++ 语言为例，对这 3 种求解方法的算法简要叙述。

13.1 GramSchmidt方法

GramSchmidt 正交法，是将矩阵的每一列看作列向量，然后从第 1 列开始，做正交化变换。变换结束后的矩阵即为正交矩阵 Q，同时也可以获得上三角矩阵 R。

13.1.1 算法程序

在 C++ 主程序中，新建 EigenvectorandEigenvalue 类，在 .h 文件前面加以下头文件：

```
#include "RMatrix.h"
#include <tuple>
#include <cmath>
using namespace std;
```

tuple 头文件主要用于输出元组，同时输出 QR 分解后的两个矩阵。

在类中 public 下面添加 GramSchmidt 静态成员函数的声明与主体如下：

```
static tuple<RMatrix, RMatrix> QRGramSchmidt(RMatrix m);
tuple<RMatrix, RMatrix>
EigenvectorandEigenvalue::QRGramSchmidt(RMatrix m)
{
    int nRows=m.GetnRows();
    int nCols=m.GetnCols();
    if (nRows != nCols)
    {
        throw "Error!";
    }
    RMatrix Q=RMatrix(nRows, nCols);
    RMatrix R=RMatrix(nCols, nCols);
    RVector v;
    RVector q;
    for (int j=0; j < nCols; j++)
    {
        v=RMatrix::GetColVector(m, j);
        for (int i=0; i < j; i++)
        {
            q=RMatrix::GetColVector(Q, i);
            R[i][j]=RVector::DotProduct(q, v);
```

```
                v=v-R[i][j]*q;
            }
            R[j][j]=RVector::Norm(v);
            q=v/R[j][j];
            Q=RMatrix::ReplaceCol(Q, j, q);
        }
        return make_tuple(Q, R);
}
```

程序最后将 Q 矩阵与 R 矩阵组成元组输出。

13.1.2　算例介绍

求矩阵 $A = \begin{pmatrix} 1 & 2 & 2 \\ 1 & 0 & 2 \\ 0 & 1 & 1 \end{pmatrix}$ 的 QR 分解。

在 C++ 中调用 GramSchmidt 方法的主程序如下：

```
#include <iostream>
#include "EigenvectorandEigenvalue.h"
#include <tuple>
using namespace std;
int main()
{
    vector<vector<double>> m={{1,2,2},{1,0,2},{0,1,1}};
    RMatrix M(m);
    cout << "M=" << endl;
    RMatrix::ShowMatrix(M);
    tuple <RMatrix,RMatrix> qr=
EigenvectorandEigenvalue::QRGramSchmidt(M);
    RMatrix Q=get<0>(qr);
    RMatrix R= get<1>(qr);
    cout << "Q=" << endl;
    RMatrix::ShowMatrix(Q);
    cout << "R=" << endl;
    RMatrix::ShowMatrix(R);
}
```

计算结果如图 13-1 所示。

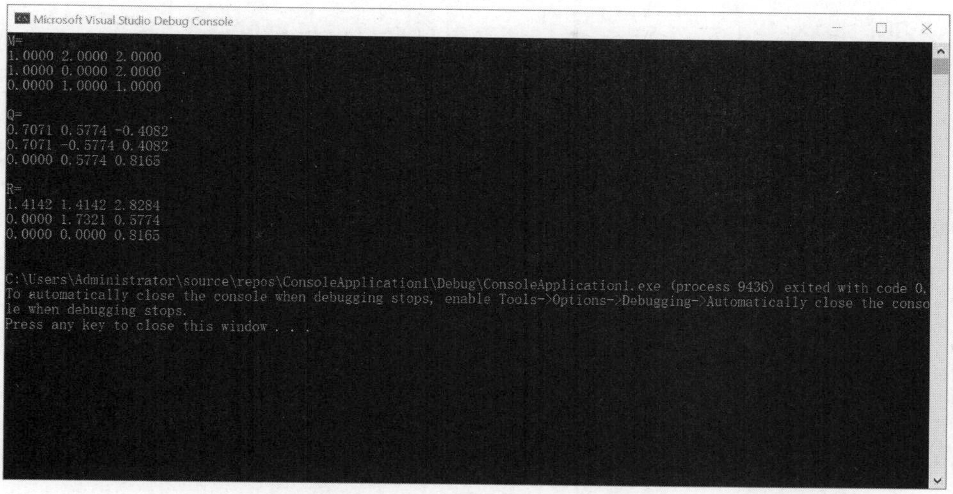

图 13-1 在 C++ 主程序中调用 GramSchmidt 方法求解矩阵结果示意图

13.2 Householder方法

Householder 变换法也称为镜像反射法，通过变换可以将向量变换为与其向量范数相等的向量，其中变换参数 ω 为反射镜面的法方向。通过 Householder 变换将矩阵的列向量变换为与第一基础向量$\vec{e}$平行，即消去矩阵的下三角部分，成为了上三角矩阵。重要的是 Householder 矩阵是自逆矩阵，满足$H^{-1}=H$。

13.2.1 算法程序

采用 Householder 方法对矩阵进行 QR 分解的静态成员函数的声明与内容分别如下：

```
static tuple<RMatrix, RMatrix> QRHouseholder(RMatrix m);
tuple<RMatrix, RMatrix>
EigenvectorandEigenvalue::QRHouseholder(RMatrix m)
{
    int nRows=m.GetnRows();
    int nCols=m.GetnCols();
    if (nRows != nCols)
    {
        throw "Error!";
    }
    RMatrix Q=RMatrix::IdentityMatrix(nRows, nRows);
    RMatrix R=RMatrix(m);
```

```
        RMatrix H;
        RVector v;
        RVector omega;
        for (int j=0; j < nCols; j++)
        {
                v=RMatrix::GetColVector(R, j);
                for (int i=0; i < j; i++)
                {
                        v[i]=0;
                }
                v[j]=v[j]-RVector::Norm(v);
                omega=v/RVector::Norm(v);
                H=RMatrix::IdentityMatrix(nRows);
                H=H-2*RMatrix::ConvertToCol(omega)*RMatrix::ConvertToRow
(omega);
                R=H*R;
                Q=Q*H;
        }
        return make_tuple(Q, R);
}
```

13.2.2　算例介绍

与上例相同，求矩阵 $A = \begin{pmatrix} 1 & 2 & 2 \\ 1 & 0 & 2 \\ 0 & 1 & 1 \end{pmatrix}$ 的 QR 分解。

在 C++ 中调用 Householder 方法的主程序如下：

```
#include <iostream>
#include "EigenvectorandEigenvalue.h"
#include <tuple>
using namespace std;
int main()
{
    vector<vector<double>> m={{1,2,2},{1,0,2},{0,1,1}};
    RMatrix M(m);
    cout << "M=" << endl;
    RMatrix::ShowMatrix(M);
```

```cpp
    tuple <RMatrix,RMatrix> qr=
EigenvectorandEigenvalue::QRHouseholder(M);
    RMatrix Q=get<0>(qr);
    RMatrix R= get<1>(qr);
    cout << "Q=" << endl;
    RMatrix::ShowMatrix(Q);
    cout << "R=" << endl;
    RMatrix::ShowMatrix(R);
}
```

计算结果如图 13-2 所示。

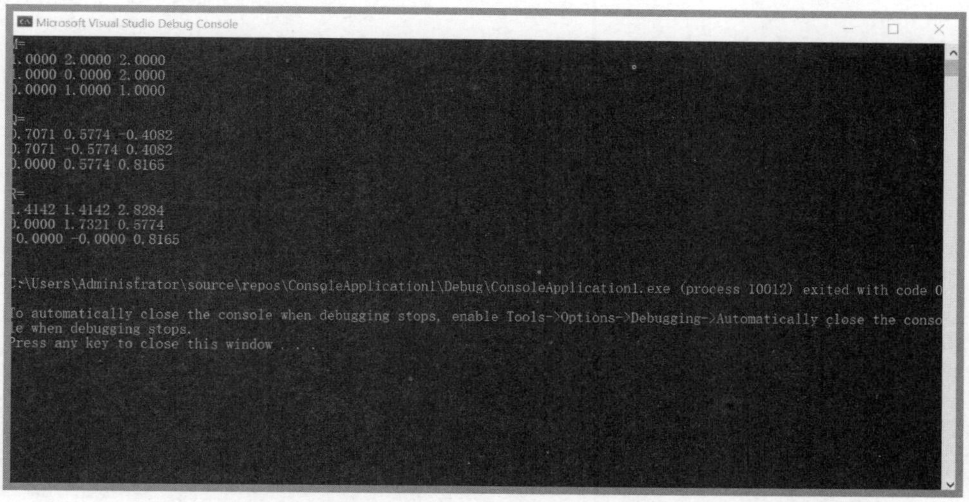

图 13-2　在 C++ 主程序中调用 Householder 方法求解矩阵结果示意图

13.3　Givens方法

Givens 方法也称为平面旋转法，即对矩阵做旋转变换，将矩阵的下三角区域逐渐变换为 0，即变换成为上三角矩阵。Givens 变换矩阵每次可以消去一个元素，一共需要 $\frac{n(n-1)}{2}$ 次初等变换。

13.3.1　算法程序

Givens 变换的 C++ 程序如下：

```cpp
static tuple<RMatrix, RMatrix> QRGivensRotations(RMatrix m);
```

```cpp
tuple<RMatrix, RMatrix>
EigenvectorandEigenvalue::QRGivensRotations(RMatrix m)
{
      int nRows=m.GetnRows();
      int nCols=m.GetnCols();
      if (nRows != nCols)
      {
            throw "Error!";
      }
      RMatrix R=m;
      RMatrix Q=RMatrix::IdentityMatrix(nRows, nCols);
      RMatrix G;
      double t;
      double c;
      double s;
      for (int j=0; j < nCols; j++)
      {
            for (int i=nRows-1; i > j; i--)
            {
                  G=RMatrix::IdentityMatrix(nRows);
                  if (R[i][j] != 0)
                  {
                        if (abs(R[i-1][j]) >= abs(R[i][j]))
                        {
                              t=R[i][j]/R[i-1][j];
                              c=1/sqrt(1+t*t);
                              s=c*t;
                              G[i-1][i-1]=c;
                              G[i][i]=c;
                              G[i-1][i]=s;
                              G[i][i-1]=-s;
                        }
                        else
                        {
                              t=R[i-1][j]/R[i][j];
                              s=1/sqrt(1+t*t);
                              c=s*t;
```

```
                              G[i-1][i-1]=c;
                              G[i][i]=c;
                              G[i-1][i]=s;
                              G[i][i-1]=-s;
                      }
                      R=G*R;
                      Q=Q*RMatrix::Transpose(G);
                  }
              }
          }
          return make_tuple(Q, R);
}
```

13.3.2　算例介绍

与上例相同，求矩阵 $A = \begin{pmatrix} 1 & 2 & 2 \\ 1 & 0 & 2 \\ 0 & 1 & 1 \end{pmatrix}$ 的 QR 分解。

在 C++ 中调用 Givens 方法的主程序如下：

```
#include <iostream>
#include "EigenvectorandEigenvalue.h"
#include <tuple>
using namespace std;
int main()
{
    vector<vector<double>> m={{1,2,2},{1,0,2},{0,1,1}};
    RMatrix M(m);
    cout << "M=" << endl;
    RMatrix::ShowMatrix(M);
    tuple <RMatrix,RMatrix> qr=
EigenvectorandEigenvalue::QRGivensRotations(M);
    RMatrix Q=get<0>(qr);
    RMatrix R= get<1>(qr);
    cout << "Q=" << endl;
    RMatrix::ShowMatrix(Q);
    cout << "R=" << endl;
RMatrix::ShowMatrix(R);
}
```

计算结果如图 13-3 所示。

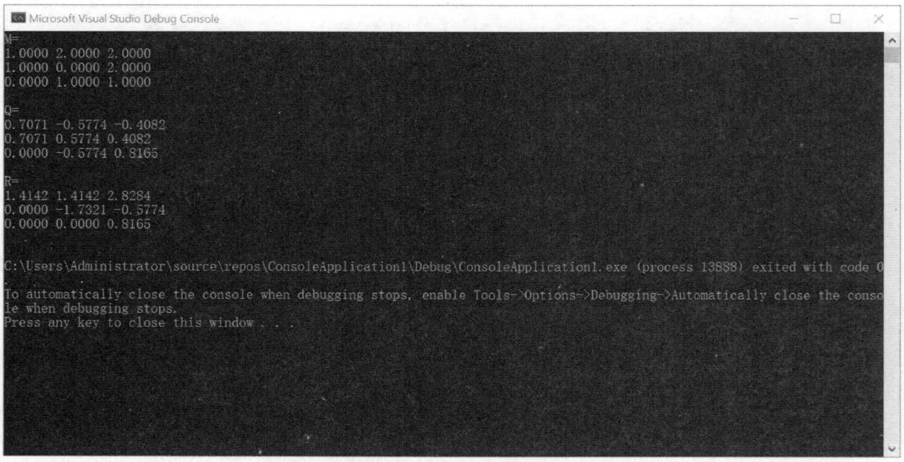

图 13-3　在 C++ 主程序中调用 Gviens 方法求解矩阵结果示意图

从结果可以发现 Gviens 的分解结果与前两种不同，区别仅在于矩阵数值符号的差异。

13.4　Hessenberg矩阵

求解矩阵特征值的一般步骤是先将矩阵通过相似变换变为 Hessenberg 矩阵，然后再应用 QR 分解法求特征值与特征向量。Hessenberg 矩阵的特点是矩阵下面副对角线存在数据。

$$H = \begin{pmatrix} \times & \times & \times & \times \\ \times & \times & \times & \times \\ & \times & \times & \times \\ & & \times & \times \end{pmatrix}$$

相似变换采用的方法是 Householder 方法，与矩阵的 QR 分解的区别在于索引的变化，而且矩阵的每一次循环都是相似变换。

13.4.1　算法程序

获取 Hessenberg 矩阵的 C++ 程序如下：

```
static RMatrix HessenbergHouseholder(RMatrix m);
```

```
RMatrix EigenvectorandEigenvalue::HessenbergHouseholder(RMatrix m)
{
      int nRows=m.GetnRows();
      int nCols=m.GetnCols();
      if (nRows != nCols)
      {
            throw "Error!";
      }
      RMatrix Q=RMatrix::IdentityMatrix(nRows, nRows);
      RMatrix R=RMatrix(m);
      RMatrix H;
      RVector v;
      RVector omega;
      int sign=0;
      for (int j=0; j < nCols-2; j++)
      {
            v=RMatrix::GetColVector(R, j);
            for (int i=0; i < j+1; i++)
            {
                  v[i]=0;
            }
            if (v[j+1] >= 0)
            {
                  sign=1;
            }
            else
            {
                  sign=-1;
            }
            v[j+1]=v[j+1]+sign*RVector::Norm(v);
            omega=v/RVector::Norm(v);
            H=RMatrix::IdentityMatrix(nRows);
            H=H-2*RMatrix::ConvertToCol(omega)*RMatrix::ConvertToRow
(omega);
            R=H*R*H;
      }
      return R;
}
```

进行 Householder 变换仅需要 $n-2$ 次变换，而不是 n 次。程序中应用了 sign 符号函数，使得下副对角线元素变换前后符号相同。Householder 变换后的矩阵都是相似的。

13.4.2　算例介绍

将矩阵 $A = \begin{pmatrix} 5 & -3 & 2 \\ 6 & -4 & 4 \\ 4 & -4 & 5 \end{pmatrix}$ 变换为 Hessenberg 矩阵。

在 C++ 主程序中调用 Householder 静态成员函数如下：

```
#include <iostream>
#include "EigenvectorandEigenvalue.h"
using namespace std;
int main()
{
    vector<vector<double>> m={{5,-3,2},{6,-4,4},{4,-4,5}};
    RMatrix M(m);
    cout << "M=" << endl;
    RMatrix::ShowMatrix(M);
    RMatrix H=EigenvectorandEigenvalue::HessenbergHouseholder(M);
    cout << "H=" << endl;
RMatrix::ShowMatrix(H);
}
```

计算结果如图 13-4 所示。

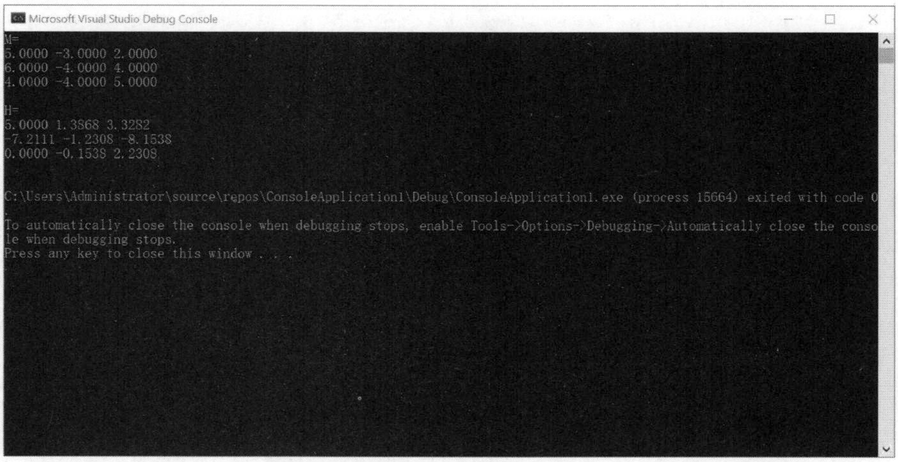

图 13-4　在 C++ 主程序中调用 Hessenberg 方法求解矩阵结果示意图

13.5　特征值

对于 Hessenberg 矩阵，做 QR 分解，即 $H_k = Q_k R_k$，令 $H = R_k Q_k$，$H_{k+1} = H$，不断循环。当对角线上元素不再变化时，即为矩阵的特征值。

13.5.1　算法程序

在 C++ 程序中，对任意输入矩阵，先通过 Householder 变换获得 Hessenberg 矩阵，然后再通过循环 QR 分解获得矩阵的特征值，具体程序如下：

```cpp
static RMatrix Eigenvalue(RMatrix m);
RMatrix EigenvectorandEigenvalue::Eigenvalue(RMatrix m)
{
    RMatrix H=HessenbergHouseholder(m);
    int nRows=m.GetnRows();
    int nCols=m.GetnCols();
    tuple<RMatrix, RMatrix> qr;
    RMatrix Q;
    RMatrix R;
    RMatrix Ht;
    double er;
    double tol=1E-6;
    RVector trace(nRows);
    do
    {
        qr=QRGivensRotations(H);
        Q=get<0>(qr);
        R=get<1>(qr);
        Ht=R*Q;
        for (int i=0; i < nRows; i++)
        {
            trace[i]=abs(Ht[i][i]-H[i][i]);
        }
        er=RVector::Norm(trace);
        H=Ht;
    } while (er > tol);
    RMatrix E(nRows);
    for (int i=0; i < nRows; i++)
    {
        E[i][i]=H[i][i];
```

```
    }
    return E;
}
```

程序中通过获得相邻两次迭代矩阵在对角线上的差向量的范数，控制循环的次数。

13.5.2　算例介绍

求矩阵 $A = \begin{pmatrix} 5 & -3 & 2 \\ 6 & -4 & 4 \\ 4 & -4 & 5 \end{pmatrix}$ 的特征值。

在 C++ 主程序中调用 Eigenvalue 静态成员函数如下：

```cpp
#include <iostream>
#include "EigenvectorandEigenvalue.h"
#include <tuple>
using namespace std;
int main()
{
    vector<vector<double>> m={{5,-3,2},{6,-4,4},{4,-4,5}};
    RMatrix M(m);
    cout << "M=" << endl;
    RMatrix::ShowMatrix(M);
    RMatrix E=EigenvectorandEigenvalue::Eigenvalue(M);
    cout << "E=" << endl;
    RMatrix::ShowMatrix(E);
}
```

计算结果如图 13-5 所示。

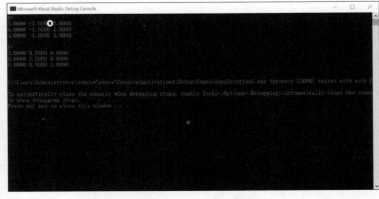

图 13-5　在 C++ 主程序中调用 Eigenvalue 静态成员函数求解矩阵特征值结果示意图

13.6 特征向量

如果已知矩阵在某个值附近有特征值，则可以采用移位反幂法计算。基本原理是构造矩阵 $A{-}pI$，使得其特征值足够小，则对 $(A{-}pI)^{-1}$ 采用幂法将其收敛到足够大的特征值与特征向量。这个特征值向量即所需特征向量。

13.6.1 算法程序

在 C++ 程序中，移位反幂法计算特征向量需要求解线性方程组，此处采用高斯消元法求解。故需要调用线性方程组求解类，即在 EigenvectorandEigenvalue.h 类前添加：

```
#include "SolutionofLinearEquations".h
```

并在类中添加求解特征向量的静态成员函数的声明与内容：

```
static RVector Eigenvector(RMatrix m, double p);
RVector EigenvectorandEigenvalue::Eigenvector(RMatrix m, double p)
{
        int nRows=m.GetnRows();
        int nCols=m.GetnCols();
        if (nRows != nCols)
        {
                throw "Error!";
        }
        RMatrix I;
        RMatrix A;
        RVector u=RVector::OnesVector(nRows);
        RVector v;
        RVector x;
        double xmax;
        int it=0;
        int itmax=20;
        double er;
        double tol=1E-6;
        double temp;
        int j;
        do
        {
```

```
            it=it+1;
            I=RMatrix::IdentityMatrix(nRows, nCols);
            A=m-p*I;
            v=u;
            x=SolutionofLinearEquations::Gauss(A, v);
            temp=abs(x[0]);
            j=0;
            for (int i=0; i < nRows; i++)
            {
                    if (abs(x[i]) > temp)
                    {
                            temp=abs(x[i]);
                            j=i;
                    }
            }
            v=x/x[j];
            er=RVector::NormInf(u-v);
            if (it > itmax)
            {
                    break;
            }
            u=v;
    } while (er > tol);
    return v;
}
```

程序中变量 j 是用来储存特征向量绝对值最大值所在索引。成员函数 NormInf 用于计算向量的无穷范数。

13.6.2　算例介绍

求矩阵 $A = \begin{pmatrix} 0 & 11 & -5 \\ -2 & 17 & -7 \\ -4 & 26 & -10 \end{pmatrix}$ 在 4.2 处的特征向量。

在 C++ 主程序中调用 Eigenvector 静态成员函数的程序如下：

```
#include <iostream>
#include "EigenvectorandEigenvalue.h"
```

```
using namespace std;
int main()
{
    vector<vector<double>> m={{0,11,-5}, {-2,17,-7}, {-4,26,-10}};
    RMatrix M(m);
    cout << "M=" << endl;
    RMatrix::ShowMatrix(M);
    double p=4.2;
    RVector x=EigenvectorandEigenvalue::Eigenvector(M, p);
    cout << "x=" << endl;
    RVector::ShowVector(x);
}
```

计算结果如图 13-6 所示。

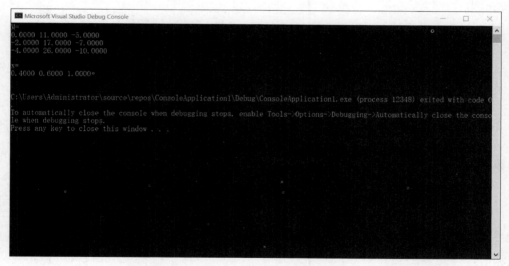

图 13-6 在 C++ 主程序中调用 Eigenvector 静态成员函数求解矩阵特征向量结果示意图

14 神经网络

本章主要介绍一些简单的神经网络的编写过程，有助于对神经网络的了解。其中包括无隐藏层的神经网络，有隐藏层的神经网络，以及多分类的神经网络。

14.1 无隐藏层神经网络

只有输入层和输出层的神经网络是最简单的神经网络，学习该网络的目的是掌握神经网络的概念以及算法。

以 3 个变量的神经网络为例，输入层有 3 个节点，输出层有 1 个节点。则输出函数表示为：

$$y = \varphi(w_1 x_1 + w_2 x_2 + w_3 x_3 + b)$$

其中 w 为权值系数，b 为偏置系数，当具有神经网络具有隐藏层时，w 将组成矩阵，b 为向量，$\varphi(x)$ 为激活函数。

如果激活函数为线性函数 $\varphi(x)=x$，则其导数为 $\varphi'(x)=1$，如果激活函数为 Sigmoid 函数，$\varphi(x)=\dfrac{1}{1+\exp(-x)}$，其导数为 $\varphi'(x)=\varphi(x)\varphi(1-x)$。

训练神经网络的算法叫反向传播算法，对权值系数修正值为计算误差对权值系数的导数，再乘以一个较小的数值，称为学习率。这个过程与梯度法求解函数最小值有点相似。

计算过程实际就是利用偏导数的链导法。计算值与实验值之间的误差平方表示为代价函数 $E = \dfrac{1}{2}(d-y)^2$，E 对 w_i 的偏导可以表示为 $\dfrac{\partial E}{\partial w_i} = \dfrac{\partial E}{\partial y}\dfrac{\partial y}{\partial \varphi}\dfrac{\partial \varphi}{\partial w_i}$，以 Sigmoid 函数为例，代入可得 $\dfrac{\partial E}{\partial w_i} = (d-y)\varphi(y)\varphi(1-y)x_i$ 权值系数的修正量可以表示为下式：

$$\Delta w_i = \alpha(d-y)\varphi(y)\varphi(1-y)x_i$$

同理，对于偏置系数的修正也可以表示为：

$$\Delta b = \alpha(d - y)\varphi(y)\varphi(1 - y)$$

当损失函数为 0 时，w 和 b 也停止修正。

14.1.1　算法程序

随机梯度下降法的权值矩阵与偏置向量的初始值为随机数，每训练一个数据就更新一次权值系数和偏置系数。

采用 C++ 实现随机梯度下降法。在 C++ 项目中新建 NeuralNetwork 类，并在类的 .h 文件前面添加以下需要的头文件：

```
#include "RMatrix.h"
#include <tuple>
```
并在 NeuralNetwork 类 .h 文件中添加几种常见的激活函数声明如下：
```
class NeuralNetwork
{
public:
    static double Sigmoid(double x);
    static RVector Sigmoid(RVector x);
    static double Line(double x);
    static RVector Line(RVector x);
    static double ReLU(double x);
    static RVector ReLU(RVector x);
}
```
在 NeuralNetwork 类 .cpp 文件中激活函数的内容如下：
```
double NeuralNetwork::Sigmoid(double x)
{
    return 1/(1+exp(-x));
}
RVector NeuralNetwork::Sigmoid(RVector x)
{
    int ndim=x.GetLength();
    RVector r(ndim);
    for (int i=0; i < ndim; i++)
    {
        r[i]=Sigmoid(x[i]);
    }
    return r;
```

```cpp
}
double NeuralNetwork::Line(double x)
{
      return x;
}
RVector NeuralNetwork::Line(RVector x)
{
      return x;
}
double NeuralNetwork::ReLU(double x)
{
      if (x < 0)
      {
            return 0;
      }
      else
      {
            return x;
      }
}
RVector NeuralNetwork::ReLU(RVector x)
{
      int ndim=x.GetLength();
      RVector r(ndim);
      for (int i=0; i < ndim; i++)
      {
            r[i]=ReLU(x[i]);
      }
      return r;
}
```

在 NeuralNetwork 类的 .h 文件与 .cpp 文件中添加以下 2 个随机梯度下降法静态成员
函数的声明：

```cpp
static tuple<RVector, double> StochasticGradientDescent(RMatrix
X, RVector D, int epoch);
static RVector ComputeOneLayerNetWork(RMatrix X, tuple<RVector,
double> WB);
```

第一个成员函数用于训练神经网络，获得训练好的权值系数与偏置系数。第二个成员函数，用训练好的神经网络和输入变量计算预测值。

成员函数的内容分别如下：

```
tuple<RVector, double>
NeuralNetwork::StochasticGradientDescent(RMatrix X, RVector D,
int epoch)
{
    if (X.GetnRows() != D.GetLength())
    {
        throw "Error!";
    }
    double alpha=0.9;
    int ndim=X.GetnRows();
    int notes=X.GetnCols();
    RVector x;
    double d;
    RVector W=2*RVector::UniformRandomVector(X.GetnCols())-1;
    double B=2*RVector::UniformRandom()-1;
    double v;
    double y;
    double e;
    double delta;
    RVector dW(notes);
    double dB;
    for (int j=0; j < epoch; j++)
    {
        for (int i=0; i < ndim; i++)
        {
            x=RMatrix::GetRowVector(X, i);
            d=D[i];
            v=RVector::DotProduct(W, x)+B;
            y=Sigmoid(v);
            e=d-y;
            delta=y*(1-y)*e;
            dW=alpha*delta*x;
            dB=alpha*delta;
```

```
                    W=W+dW;
                    B=B+dB;
                }
            }
        return make_tuple(W, B);
}
```

神经网络的初始权值系数和偏置系数为 –1~1 的随机数，每计算一行数据，更新一次神经网络。如此不断循环 epoch 次，最终数据权值系数与偏置系数为训练好的神经网络。

通过神经网络预测实验值，则采用下面的成员函数，此过程以神经网络的输出元组为输入参数，代入神经网络，计算预测值。

```
RVector  NeuralNetwork::ComputeOneLayerNetWork(RMatrix  X, tuple
<RVector, double>WB)
{
        RVector W=get<0>(WB);
        double B=get<1>(WB);
        int ndim=X.GetnRows();
        RVector x;
        double v;
        RVector Y(ndim);
        for (int i=0; i < ndim; i++)
        {
                x=RMatrix::GetRowVector(X, i);
                v=RVector::DotProduct(W, x)+B;
                Y[i]=Sigmoid(v);
        }
        return Y;
}
```

14.1.2 算例介绍

已知输入的 4 行数据为 $\begin{pmatrix} 0 & 0 & 1 \\ 0 & 1 & 1 \\ 1 & 0 & 1 \\ 1 & 1 & 1 \end{pmatrix}$，结果为 $\begin{pmatrix} 0 \\ 0 \\ 1 \\ 1 \end{pmatrix}$。建立神经网络，并预测结果。

从输入数据前两列看，实际上是对平面上的 4 个点分类，简单的分为两类。$x = \dfrac{1}{2}$

即可满足要求，$x > \dfrac{1}{2}$ 是一类，$x < \dfrac{1}{2}$ 是一类。

在 C++ 主程序中调用随机梯度下降法训练网络，并计算结果如下：

```cpp
#include <iostream>
#include "NeuralNetwork.h"
int main()
{
    vector<vector<double>> x={{0,0,1},{0,1,1},{1,0,1},{1,1,1}};
    RMatrix X(x);
    cout << "X=" << endl;
    RMatrix::ShowMatrix(X);
    vector<double> d={0,0,1,1};
    RVector D(d);
    cout << "D=" << endl;
    RVector::ShowVector(D);
    int epoch=10000;
    tuple<RVector, double> WB=
NeuralNetwork::StochasticGradientDescent(X, D, epoch);
    RVector Y=NeuralNetwork::ComputeOneLayerNetWork(X, WB);
    cout << "Y=" << endl;
    RVector::ShowVector(Y);
}
```

计算结果如图 14-1 所示。

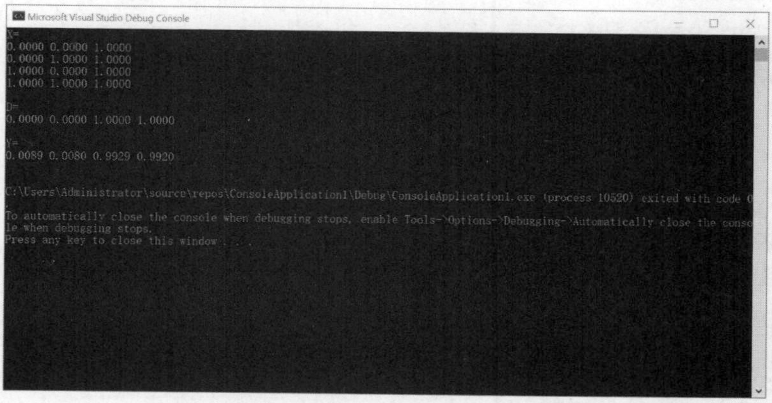

图 14-1　在 C++ 主程序中调用随机梯度下降法训练网络计算结果示意图

可以发现预测结果与实验数据很接近。如果将实验数据应变量中的 0，1 分类换成 1，2 分类，就不能预测，这是因为神经网络最后一步用的是 Sigmoid 函数，该函数最大值为 1。

14.2 批处理方法

批处理方法是随机梯度下降法的变形，不是每训练一个数据就更新一次神经网络的权值系数和偏置系数，而是每处理一批数据，才更新一次。更新的方法是用权值系数与偏置系数的批次平均修正量来更新。这样做的目的可以保持神经网络的相对稳定性。

14.2.1 算法程序

C++ 中批处理程序如下：

```cpp
static tuple<RVector, double> StochasticBatch(RMatrix X, RVector
D, int epoch);
tuple<RVector, double> NeuralNetwork::StochasticBatch(RMatrix X,
RVector D, int epoch)
{
    if (X.GetnRows() != D.GetLength())
    {
        throw "Error!";
    }
    double alpha=0.9;
    int ndim=X.GetnRows();
    int notes=X.GetnCols();
    RVector x;
    double d;
    RVector W=2*RVector::UniformRandomVector(X.GetnCols())-1;
    double B=2*RVector::UniformRandom()-1;
    double v;
    double y;
    double e;
    double delta;
    RVector dW(notes);
```

```
RVector dWsum(notes);
double dB;
double dBsum;
for (int j=0; j < epoch; j++)
{
        dWsum=RVector::ZerosVector(notes);
        dBsum=0;
        for (int i=0; i < ndim; i++)
        {
                x=RMatrix::GetRowVector(X, i);
                d=D[i];
                v=RVector::DotProduct(W, x)+B;
                y=Sigmoid(v);
                e=d-y;
                delta=y*(1-y)*e;
                dW=alpha*delta*x;
                dB=alpha*delta;
                dWsum=dWsum+dW;
                dBsum=dBsum+dB;
        }
        W=W+dWsum/ndim;
        B=B+dBsum/ndim;
}
return make_tuple(W, B);
}
```

在 C++ 中采用批处理方法训练神经网络的程序与随机梯度下降法相同。权值系数与偏置系数的初始值为 –1~1 的随机数。每次计算代入一行数据，所有数据都计算预测之后，计算权值系数与偏置系数的平均修正量。然后对神经网络的参数修正，如此循环多次。最终输出权值系数与偏置系数，此即为训练好的神经网络。

14.2.2 算例介绍

与上例相同，已知输入的 4 行数据为 $\begin{pmatrix} 0 & 0 & 1 \\ 0 & 1 & 1 \\ 1 & 0 & 1 \\ 1 & 1 & 1 \end{pmatrix}$，结果为 $\begin{pmatrix} 0 \\ 0 \\ 1 \\ 1 \end{pmatrix}$。建立神经网络，并预测结果。

在 C++ 主程序中调用批处理方法训练网络，并计算结果如下：

```cpp
#include <iostream>
#include "NeuralNetwork.h"
int main()
{
    vector<vector<double>> x={{0,0,1},{0,1,1},{1,0,1},{1,1,1}};
    RMatrix X(x);
    cout << "X=" << endl;
    RMatrix::ShowMatrix(X);
    vector<double> d={0,0,1,1};
    RVector D(d);
    cout << "D=" << endl;
    RVector::ShowVector(D);
    int epoch=10000;
    tuple<RVector, double> WB=NeuralNetwork::StochasticBatch(X, D, epoch);
    RVector Y=NeuralNetwork::ComputeOneLayerNetWork(X, WB);
    cout << "Y=" << endl;
    RVector::ShowVector(Y);
}
```

计算结果如图 14-2 所示。

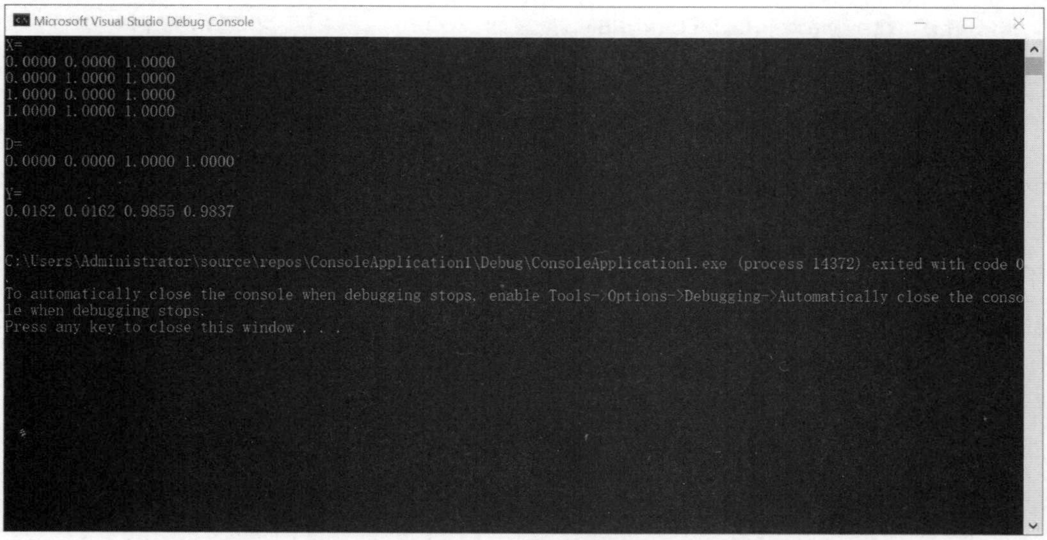

图 14-2　在 C++ 主程序中调用批处理方法训练网络计算结果示意图

14.3 有隐藏层神经网络

经典的神经网络一般具有输入层、隐藏层与输出层。输入层以 3 个变量为例，隐藏层为 4 个节点，输出层为 1 个节点。神经网络从头到尾的计算过程分别如下，隐藏层第 1 个节点的输入值为 $\varphi(w_{11}x_1 + w_{12}x_2 + w_{13}x_3 + b_1)$，隐藏层第 2 个节点的输入值为 $\varphi(w_{21}x_1 + w_{22}x_2 + w_{23}x_3 + b_2)$，将该式推广到所有节点，隐藏层的输入值表示为矩阵形式 $y_1 = \varphi(W_1 x + B_1)$，式中 $\varphi(x)$ 为激活函数，输出结果为 4 维向量。

$$W_1 = \begin{pmatrix} w_{11} & w_{12} & w_{13} \\ w_{21} & w_{22} & w_{23} \\ w_{31} & w_{32} & w_{33} \\ w_{41} & w_{42} & w_{43} \end{pmatrix}, \quad x = \begin{pmatrix} x_1 \\ x_2 \\ x_3 \end{pmatrix}, \quad B_1 = \begin{pmatrix} b_1 \\ b_2 \\ b_3 \\ b_4 \end{pmatrix}$$

从隐藏层到输出层，输入变量为 4 维向量，输出值为数值。函数形式为 $y_2 = \varphi(\bar{w}_1 y_1 + \bar{w}_2 y_2 + \bar{w}_3 y_3 + \bar{w}_4 y_4 + \bar{b})$，即可以写成以下矩阵形式：

$$y_2 = \varphi(W_2 y_1 + B_2)$$

$$W_2 = \begin{pmatrix} \bar{w}_1 \\ \bar{w}_2 \\ \bar{w}_3 \\ \bar{w}_4 \end{pmatrix}, \quad B_2 = \begin{pmatrix} \bar{b} \end{pmatrix}$$

将以上两个函数式复合起来就是神经网络的计算过程

$$y_2 = \varphi(W_2 \varphi(W_1 x + B_1) + B_2)$$

训练神经网络的过程实际还是利用偏导数的链导法。计算值与实验值之间的误差平方表示为代价函数 $E = \dfrac{1}{2}(d - y_2)^2$，$E$ 对 W_2 的偏导可以表示为

$$\frac{\partial E}{\partial W_2} = \frac{\partial E}{\partial y_2} \frac{y_2}{\partial \varphi} \frac{\partial \varphi}{\partial W_2};$$

同理，

$$\frac{\partial E}{\partial B_2} = \frac{\partial E}{\partial y_2} \frac{\partial y_2}{\partial \varphi} \frac{\partial \varphi}{\partial B_2}$$

激活函数以 Sigmoid 函数为例，代入可得

$$\frac{\partial E}{\partial W_2} = (d - y_2)y_2(1 - y_2)y_1, \quad \frac{\partial E}{\partial B_2} = (d - y_2)y_2(1 - y_2)$$

权值系数的修正量可以表示为下式

$$\Delta W_2 = \alpha \frac{\partial E}{\partial W_2}, \quad \Delta W_2 = \alpha \frac{\partial E}{\partial B_2}$$

同理，E 对 W_2 的偏导可以表示为

$$\frac{\partial E}{\partial W_1} = \frac{\partial E}{\partial y_2}\frac{\partial y_2}{\partial \varphi}\frac{\partial \varphi}{\partial y_1}\frac{\partial y_1}{\partial \varphi}\frac{\partial \varphi}{\partial W_1}, \quad \frac{\partial E}{\partial B_1} = \frac{\partial E}{\partial y_2}\frac{\partial y_2}{\partial \varphi}\frac{\partial \varphi}{\partial y_1}\frac{\partial y_1}{\partial \varphi}\frac{\partial \varphi}{\partial B_1}$$

激活函数以 Sigmoid 函数为例，代入可得

$$\frac{\partial E}{\partial W_1} = (d - y_2)\varphi(y_2)\varphi(1-y_2)W_2\varphi(y_1)\varphi(1-y_1)x$$

$$\frac{\partial E}{\partial B_1} = (d - y_2)\varphi(y_2)\varphi(1-y_2)W_2\varphi(y_1)\varphi(1-y_1)$$

权值系数的修正量可以表示为下式

$$\Delta W_1 = \alpha \frac{\partial E}{\partial W_1}, \quad \Delta W_1 = \alpha \frac{\partial E}{\partial B_1}$$

在实际编程过程中为了减少重复计算，定义

$$e_2 = d - y_2$$

$$\delta_2 = y_2(1-y_2)e_2$$

$$e_1 = W_2^T \delta_2$$

$$\delta_1 = y_1(1-y_1)e_1$$

则

$$\Delta W_2 = \alpha \frac{\partial E}{\partial W_2} = \alpha \delta_2 y_1^T, \quad \Delta B_2 = \alpha \frac{\partial E}{\partial B_2} = \alpha \delta_2,$$

$$\Delta W_1 = \alpha \frac{\partial E}{\partial W_1} = \alpha \delta_1 x^T, \quad \Delta B_2 = \alpha \frac{\partial E}{\partial B_2} = \alpha \delta_1$$

以上采用 δ 与 e 的规则即为反向传播算法的运算规则。

14.3.1　算法程序

在 C++ 中，反向传播算法的静态成员函数程序如下：

在 NeuralNetwork.h 文件中添加反向传播算法的静态成员函数的声明如下：

```
static tuple<RMatrix, RVector, RVector, double>
```

```
BackPropagationAlgorithm(RMatrix X, RVector D, int notes, int
epoch);
```

该成员函数输入为训练数据的自变量、函数值、隐藏节点的个数、训练次数。输出变量依次为输入层 – 隐藏层的系数矩阵、偏置向量、隐藏层 – 输出层的系数矩阵、偏置向量。

在 NeuralNetwork.cpp 文件中添加反向传播算法的静态成员函数的内容如下：

```
tuple<RMatrix, RVector, RVector, double>
NeuralNetwork::BackPropagationAlgorithm(RMatrix X, RVector D, int
notes, int epoch)
{
    if (X.GetnRows() != D.GetLength())
    {
        throw "Error!";
    }
    double alpha=0.9;
    int ndim=X.GetnRows();
    RMatrix W1=2*RMatrix::UniformRandomMatrix(notes, X.GetnCols())-1;
    RVector B1=2*RVector::UniformRandomVector(notes)-1;
    RVector W2=2*RVector::UniformRandomVector(notes)-1;
    double B2=2*RVector::UniformRandom()-1;
    RVector x;
    double d;
    RVector v1;
    RVector y1;
    double v2;
    double y2;
    double e2;
    double delta2;
    RVector e1;
    RVector delta1;
    RMatrix dW1;
    RVector dB1;
    RVector dW2;
    double dB2;
    for (int j=0; j < epoch; j++)
```

```
        {
                for (int i=0; i < ndim; i++)
                {
                        x=RMatrix::GetRowVector(X, i);
                        d=D[i];
                        v1=W1*x+B1;
                        y1=Sigmoid(v1);
                        v2=RVector::DotProduct(W2, y1)+B2;
                        y2=Sigmoid(v2);
                        e2=d-y2;
                        delta2=y2*(1-y2)*e2;
                        e1=W2*delta2;
                        delta1=y1*(1-y1)*e1;
                        dW1=alpha*(RMatrix::ConvertToCol(delta1)*
RMatrix::ConvertToRow(x));
                        dB1=alpha*delta1;
                        W1=W1+dW1;
                        B1=B1+dB1;
                        dW2=alpha*delta2*y1;
                        dB2=alpha*delta2;
                        W2=W2+dW2;
                        B2=B2+dB2;
                }
        }
        return make_tuple(W1, B1, W2, B2);
}
```

神经网络的初始权值系数和偏置系数为 –1~1 的随机数，每计算一行数据，更新一次神经网络。如此不断循环 epoch 次，最终数据权值系数与偏置系数为训练好的神经网络。

通过神经网络预测实验值，则采用下面的成员函数，此过程以神经网络的输出元组为输入参数，代入神经网络，计算预测值。

```
static RVector ComputeTwoLayerNetWork(RMatrix X, tuple<RMatrix,
RVector, RVector, double> WB);
RVector NeuralNetwork::ComputeTwoLayerNetWork(RMatrix X, tuple
<RMatrix, RVector, RVector, double> WB)
```

```
{
        RMatrix W1=get<0>(WB);
        RVector B1=get<1>(WB);
        RVector W2=get<2>(WB);
        double B2=get<3>(WB);
        int ndim=X.GetnRows();
        RVector x;
        double d;
        RVector v1;
        RVector y1;
        double v2;
        double y2;
        RVector Y(ndim);
        for (int i=0; i < ndim; i++)
        {
                x=RMatrix::GetRowVector(X, i);
                v1=W1*x+B1;
                y1=Sigmoid(v1);
                v2=RVector::DotProduct(W2, y1)+B2;
                y2=Sigmoid(v2);
                Y[i]=y2;
        }
        return Y;
}
```

14.3.2 算例介绍

已知输入的 4 行数据为 $\begin{pmatrix} 0 & 0 & 1 \\ 0 & 1 & 1 \\ 1 & 0 & 1 \\ 1 & 1 & 1 \end{pmatrix}$，结果为 $\begin{pmatrix} 0 \\ 1 \\ 1 \\ 0 \end{pmatrix}$。建立神经网络，并预测结果。

从输入数据前两列看，实际上是对平面上的 4 个点分类，简单地分为两类。此时 $x = \dfrac{1}{2}$ 即并不能满足要求，单层神经网络并不能实现此分类。

在 C++ 主程序中调用反向传播算法训练网络如下，隐藏层的节点个数设置为 4，训练次数为 10000 次。

```cpp
#include <iostream>
#include "NeuralNetwork.h"
int main()
{
    vector<vector<double>> x={{0,0,1},{0,1,1},{1,0,1},{1,1,1}};
    RMatrix X(x);
    cout << "X=" << endl;
    RMatrix::ShowMatrix(X);
    vector<double> d={0,1,1,0};
    RVector D(d);
    cout << "D=" << endl;
    RVector::ShowVector(D);
    int notes=4;
    int epoch=10000;
    tuple<RMatrix, RVector, RVector, double> WB=
NeuralNetwork::BackPropagationAlgorithm(X, D, notes, epoch);
    RVector Y=NeuralNetwork::ComputeTwoLayerNetWork(X, WB);
    cout << "Y=" << endl;
    RVector::ShowVector(Y);
}
```

计算结果如图 14-3 所示。

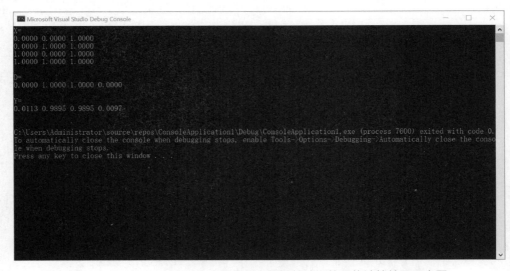

图 14-3　在 C++ 主程序中调用反向传播算法训练网络计算结果示意图

14.4 多分类神经网络

之前的神经网络都是单分类的神经网络，对于多分类，将输出节点的个数改为分类数，每个节点的输出值为 0~1，且保证输出值的和为 1，哪个输出节点的值最大，则表示训练数据被划分为哪个类。对于多分类，最常用的激活函数为 softmax 函数，其表达式为

$$y_i = \varphi(v_i) = \frac{\exp(v_i)}{\sum\limits_{i=1}^{M}\exp(v_i)}$$

多分类神经网络与单分类神经网络基本结构相同，只是最后一步采用的激活函数不同。

在 C++ 程序实现多分类程序之前，需要建立 softmax 激活函数，在 NeuralNetwork 类中添加如下静态成员函数：

```cpp
static RVector Softmax(RVector x);
RVector NeuralNetwork::Softmax(RVector x)
{
    int ndim=x.GetLength();
    RVector r(ndim);
    double sum=0;
    for (int i=0; i < ndim; i++)
    {
        r[i]=exp(x[i]);
        sum += exp(x[i]);
    }
    return r/sum;
}
```

多分类神经网络的静态函数如下：

```cpp
static tuple<RMatrix, RVector, RMatrix, RVector>
MutiClass(RMatrix X, RMatrix D, int notes, int epoch);
static RMatrix ComputeMultiClassNetWork(RMatrix X, tuple<RMatrix,
RVector, RMatrix, RVector> WB);
```

第一个成员函数输出变量分别为输入层 – 隐藏层权值矩阵、偏置向量、隐藏层 –

输出层权值矩阵、偏置向量。第二个成员函数用训练好的神经网络计算预测值。

```cpp
tuple<RMatrix, RVector, RMatrix, RVector>
NeuralNetwork::MutiClass(RMatrix X, RMatrix D, int notes, int epoch)
{
        if (X.GetnRows() != D.GetnRows())
        {
                throw "Error!";
        }
        double alpha=0.9;
        int ndim=X.GetnRows();
        int ncls=D.GetnCols();
        RMatrix W1=2*RMatrix::UniformRandomMatrix(notes, X.Getn-
Cols())-1;
        RVector B1=2*RVector::UniformRandomVector(notes)-1;
        RMatrix W2=2*RMatrix::UniformRandomMatrix(ncls, notes)-1;
        RVector B2=2*RVector::UniformRandomVector(ncls)-1;
        RVector x;
        RVector d;
        RVector v1;
        RVector y1;
        RVector v2;
        RVector y2;
        RVector e2;
        RVector delta2;
        RVector e1;
        RVector delta1;
        RMatrix dW1;
        RVector dB1;
        RMatrix dW2;
        RVector dB2;
        for (int j=0; j < epoch; j++)
        {
                for (int i=0; i < ndim; i++)
                {
                        x=RMatrix::GetRowVector(X, i);
                        d=RMatrix::GetRowVector(D, i);
                        v1=W1*x+B1;
```

```
                y1=Sigmoid(v1);
                v2=W2*y1+B2;
                y2=Softmax(v2);
                e2=d-y2;
                delta2=e2;
                e1=RMatrix::Transpose(W2)*delta2;
                delta1=y1*(1-y1)*e1;
                dW1=alpha*(RMatrix::ConvertToCol(delta1)*
RMatrix::ConvertToRow(x));
                dB1=alpha*delta1;
                W1=W1+dW1;
                B1=B1+dB1;
                dW2=alpha*(RMatrix::ConvertToCol(delta2)*
RMatrix::ConvertToRow(y1));
                dB2=alpha*delta2;
                W2=W2+dW2;
                B2=B2+dB2;
        }
    }
    return make_tuple(W1, B1, W2, B2);
}
```

14.4.1 算法程序

多分类神经网络的反向传播算法，输出层与单分类不同，其他层相同。

```
RMatrix NeuralNetwork::ComputeMultiClassNetWork(RMatrix X, tuple<
RMatrix, RVector, RMatrix, RVector> WB)
{
    RMatrix W1=get<0>(WB);
    RVector B1=get<1>(WB);
    RMatrix W2=get<2>(WB);
    RVector B2=get<3>(WB);
    int ndim=X.GetnRows();
    int ncls=B2.GetLength();
    RVector x;
    RVector d;
    RVector v1;
```

```
RVector y1;
RVector v2;
RVector y2;
RMatrix Y(ndim, ncls);
for (int i=0; i < ndim; i++)
{
        x=RMatrix::GetRowVector(X, i);
        v1=W1*x+B1;
        y1=Sigmoid(v1);
        v2=W2*y1+B2;
        y2=Softmax(v2);
        Y=RMatrix::ReplaceRow(Y, i, y2);
}
return Y;
}
```

14.4.2　算例介绍

输入训练数据为以下矩阵：

$$X_1=\begin{pmatrix} 0 & 1 & 1 & 0 & 0 \\ 0 & 0 & 1 & 0 & 0 \\ 1 & 0 & 1 & 0 & 0 \\ 0 & 0 & 1 & 0 & 0 \\ 0 & 1 & 1 & 1 & 0 \end{pmatrix}, \ X_2=\begin{pmatrix} 1 & 1 & 1 & 1 & 0 \\ 0 & 0 & 0 & 0 & 1 \\ 0 & 1 & 1 & 1 & 0 \\ 1 & 0 & 0 & 0 & 0 \\ 1 & 1 & 1 & 1 & 1 \end{pmatrix}, \ X_3=\begin{pmatrix} 1 & 1 & 1 & 1 & 0 \\ 0 & 0 & 0 & 0 & 1 \\ 0 & 1 & 1 & 1 & 0 \\ 0 & 0 & 0 & 0 & 1 \\ 1 & 1 & 1 & 1 & 0 \end{pmatrix},$$

$$X_4=\begin{pmatrix} 0 & 0 & 0 & 1 & 0 \\ 0 & 0 & 1 & 1 & 0 \\ 0 & 1 & 0 & 1 & 0 \\ 1 & 1 & 1 & 1 & 1 \\ 0 & 0 & 0 & 1 & 0 \end{pmatrix}, \ X_5=\begin{pmatrix} 1 & 1 & 1 & 1 & 1 \\ 1 & 0 & 0 & 0 & 0 \\ 1 & 1 & 1 & 1 & 0 \\ 0 & 0 & 0 & 0 & 1 \\ 1 & 1 & 1 & 1 & 0 \end{pmatrix}$$

已知分类结果为以下矩阵：

$$Y=\begin{pmatrix} 1 & 0 & 0 & 0 & 0 \\ 0 & 1 & 0 & 0 & 0 \\ 0 & 0 & 1 & 0 & 0 \\ 0 & 0 & 0 & 1 & 0 \\ 0 & 0 & 0 & 0 & 1 \end{pmatrix}$$

训练神经网络，并对以下矩阵进行分类：

$$X_1=\begin{pmatrix}0&0&1&1&0\\0&0&1&1&0\\0&1&0&1&0\\0&0&0&1&0\\0&1&1&1&0\end{pmatrix},\ X_2=\begin{pmatrix}1&1&1&1&0\\0&0&0&0&1\\0&1&1&1&0\\1&0&0&0&1\\1&1&1&1&1\end{pmatrix},\ X_3=\begin{pmatrix}1&1&1&1&0\\0&0&0&0&1\\0&1&1&1&0\\1&0&0&0&1\\1&1&1&1&0\end{pmatrix},$$

$$X_4=\begin{pmatrix}0&1&1&1&0\\0&1&0&0&0\\0&1&1&1&0\\0&0&0&1&0\\0&1&1&1&0\end{pmatrix},\ X_5=\begin{pmatrix}0&1&1&1&1\\0&1&0&0&0\\0&1&1&1&0\\0&0&0&1&0\\1&1&1&1&0\end{pmatrix}$$

为了将数据输入到神经网络，将每一个 5 行 5 列的矩阵数据变为 1 行 25 列的行向量，输入的 5 个数据点组成 5 行 25 列的矩阵。每一行作为一个数据点传递到神经网络输入层中，隐藏层选择 50 个节点。输出节点为 5 个，即为 5 维向量。首先用训练数据训练神经网络，然后用训练好的神经网络计算待预测数据的分类情况。

在 C++ 主程序中调用多分类神经网络成员函数如下：

```cpp
#include <iostream>
#include "NeuralNetwork.h"
int main()
{
    vector<RMatrix> Xtr(5);
    vector<vector<double>> xtr1=
{{0,1,1,0,0},{0,0,1,0,0},{0,0,1,0,0},{0,0,1,0,0},{0,1,1,1,0}};
    RMatrix Xtr1(xtr1);
    Xtr[0]=Xtr1;
    cout << "Xtr1=" << endl;
    RMatrix::ShowMatrix(Xtr1);
    vector<vector<double>> xtr2=
{{1,1,1,1,0},{0,0,0,0,1},{0,1,1,1,0},{1,0,0,0,0},{1,1,1,1,1}};
    RMatrix Xtr2(xtr2);
    Xtr[1]=Xtr2;
    cout << "Xtr2=" << endl;
    RMatrix::ShowMatrix(Xtr2);
    vector<vector<double>> xtr3=
{{1,1,1,1,0},{0,0,0,0,1},{0,1,1,1,0},{0,0,0,0,1},{1,1,1,1,0}};
    RMatrix Xtr3(xtr3);
```

```
    Xtr[2]=Xtr3;
    cout << "Xtr3=" << endl;
    RMatrix::ShowMatrix(Xtr3);
    vector<vector<double>> xtr4=
{{0,0,0,1,0},{0,0,1,1,0},{0,1,0,1,0},{1,1,1,1,1},{0,0,0,1,0}};
    RMatrix Xtr4(xtr4);
    Xtr[3]=Xtr4;
    cout << "Xtr4=" << endl;
    RMatrix::ShowMatrix(Xtr4);
    vector<vector<double>> xtr5=
{{1,1,1,1,1},{1,0,0,0,0},{1,1,1,1,0},{0,0,0,0,1},{1,1,1,1,0}};
    RMatrix Xtr5(xtr5);
    Xtr[4]=Xtr5;
    cout << "Xtr5=" << endl;
    RMatrix::ShowMatrix(Xtr5);
    int ndim=5;
    int nums=25;
    RMatrix X(ndim, nums);
    RVector v;
    for (int i=0; i < ndim; i++)
    {
        v=RMatrix::ConvertToCol(Xtr[i]);
        X=RMatrix::ReplaceRow(X, i, v);
    }
    vector<vector<double>> d=
{{1,0,0,0,0},{0,1,0,0,0},{0,0,1,0,0},{0,0,0,1,0},{0,0,0,0,1}};
    RMatrix D(d);
    cout << "D=" << endl;
    RMatrix::ShowMatrix(D);
    int notes=50;
    int epoch=5000;
    tuple<RMatrix, RVector, RMatrix, RVector> WB=
NeuralNetwork::MutiClass(X, D, notes, epoch);
    RMatrix Ytr=NeuralNetwork::ComputeMultiClassNetWork(X, WB);
    cout << "Ytr=" << endl;
    RMatrix::ShowMatrix(Ytr);
    vector<RMatrix> Xte(5);
```

```cpp
    vector<vector<double>> xte1=
{{0,0,1,1,0},{0,0,1,1,0},{0,1,0,1,0},{0,0,0,1,0},{0,1,1,1,0}};
    RMatrix Xte1(xte1);
    Xte[0]=Xte1;
    cout << "Xte1=" << endl;
    RMatrix::ShowMatrix(Xte1);
    vector<vector<double>> xte2=
{{1,1,1,1,0},{0,0,0,0,1},{0,1,1,1,0},{1,0,0,0,1},{1,1,1,1,1}};
    RMatrix Xte2(xte2);
    Xte[1]=Xte2;
    cout << "Xte2=" << endl;
    RMatrix::ShowMatrix(Xte2);
    vector<vector<double>> xte3=
{{1,1,1,1,0},{0,0,0,0,1},{0,1,1,1,0},{1,0,0,0,1},{1,1,1,1,0}};
    RMatrix Xte3(xte3);
    Xte[2]=Xte3;
    cout << "Xte3=" << endl;
    RMatrix::ShowMatrix(Xte3);
    vector<vector<double>> xte4=
{{0,1,1,1,0},{0,1,0,0,0},{0,1,1,1,0},{0,0,0,1,0},{0,0,0,1,0}};
    RMatrix Xte4(xte4);
    Xte[3]=Xte4;
    cout << "Xte4=" << endl;
    RMatrix::ShowMatrix(Xte4);
    vector<vector<double>> xte5=
{{0,1,1,1,1},{0,1,0,0,0},{0,1,1,1,0},{0,0,0,1,0},{1,1,1,1,0}};
    RMatrix Xte5(xte5);
    Xte[4]=Xte5;
    cout << "Xte5=" << endl;
    RMatrix::ShowMatrix(Xte5);
    for (int i=0; i < ndim; i++)
    {
        v=RMatrix::ConvertToCol(Xte[i]);
        X=RMatrix::ReplaceRow(X, i, v);
    }
    RMatrix Yte=NeuralNetwork::ComputeMultiClassNetWork(X, WB);
    cout << "Yte=" << endl;
```

```
    RMatrix::ShowMatrix(Yte);
}
```

计算结果如图 14-4 所示。

（1）

（2）

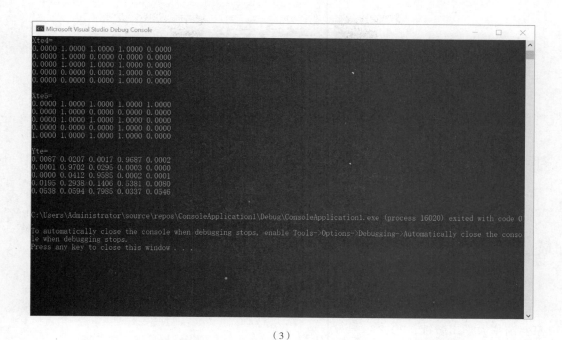

（3）

图 14-4 在 C++ 主程序中调用多分类神经网络成员函数法训练网络计算结果示意图

参考文献

[1] 夏普 . Visual C# 从入门到精通：第 9 版 [M]. 周靖，译 . 北京：清华大学出版社，2018.

[2] WALDEMAR D P.Numerical Methods, Algorithms and Tools in C#[M]. Boca Raton:CPC Press，2009.

[3] 约翰，马修斯·库尔蒂斯. 数值方法（MATLAB版）：第4版[M]. 周璐，陈渝，钱方等，译.北京：电子工业出版社，2010.

[4] 温正 . MATLAB 科学计算 [M]. 北京：清华大学出版社，2017.

[5] 斯雷文·查普拉. 工程与科学数值方法的MATLAB实现：第4版[M]. 林赐，译. 北京：清华大学出版社，2018.